JN206173

東京安全研究所・都市の安全と環境シリーズ

10

著
長谷見雄二

木造防災都市

鉄・コンクリートの限界を乗り越える

早稲田大学出版部

はじめに

　毎年のように起こる豪雨災害に、長年、大した地震が起こらなかった地域まで襲う大地震。2010年代、日本列島は東日本大震災を筆頭に多数の自然災害を経験してきたが、今後さらに近い将来、大地震の襲来が予想されている。一方、日本社会の変化も急激で、高齢化は、高齢者割合が増える段階を超えて、高齢者だけの世帯、高齢者単身世帯が顕在化する段階に入っている。どんな災害・事故でも、深刻な被害を受けるのは、まず高齢者と幼児である。放置すれば災害の被害を受けやすい人たちが支援を受けられない社会になっていくということだが、それを具体的に感じさせられたのは、2010年代後半に東京都内の住宅火災による死者数が増加に転じたことであった。全国を見れば大規模火災も再び顕在化している。

　ここで、日本の近代の都市や建築の防災対策を振り返ると、その基本は、被害を引き起こす現象が生活空間に侵入しないようにするための建物・都市の構造的強靱化と考えられていることが多い。建築では不燃化の推進である。しかし、現実には、市街地大火を20世紀初期までに克服した欧米の大都市で、木造が一方的に排除されたわけではないし、日本でも、不燃化の徹底については、その現実性が繰り返し疑問視され、それと異なる路線が模索されてきた。

　筆者の専門は火災を中心とする防災工学であり、密集市街地はずっと意識し、かつて火事に弱いのは宿命といわれていた木造を火事に強くするための研究や政策づくりにも関わってきた。本書では、上に述べた現在の日本の防災的状況に対して、合理的な被害軽減方策の枠組の構築を模索するという立場から、「木造防災都市」という切り口で、近代の都市防災対策の枠組や政策

を再考し、木造の都市防災的活用の可能性や都市の安全化に必要な今後の社会的取り組みを展望したい。

　本書は、日本における都市防災対策を考察するための手がかりとしての欧米の大都市の市街地大火復興を1章で概観のうえ、2章では、明治時代から高度成長期までの約100年間の東京を主とする防災都市化の政策と研究の重要なものを取り上げる。その後、今日に至る都市防災の状況は、その延長上にあるわけだが、ここでは、その思想や理想と、結果として必ずしも成功しなかったことの背景を検討する。

　3章は、日本で火災に強い木造の模索が始まった契機が、1976（昭和51）年の枠組壁工法住宅火災実験と考えて、それ以後の木造建築の防火性能に関する研究開発と、その政策化、社会的受容を概観する。著者は偶然、この経過のほぼ全体に関わっており、ここではその当事者として、一人称で試行錯誤の経過を物語る。

　4章では、最初に指摘した近年の災害の状況は、近代の防災対策の基本的な方法論とされてきた建物の強靱化や公的防災体制の組織化では解決し難いものとして、筆者が関わってきた歴史的市街地などでの実践的な防災事業を踏まえて、災害に強いとはいえない人と建物より成る市街地や施設の防災のあり方の可能性を探ってみたい。

　　　　　　　　　　　　　　　　　　　　　　　　　　長谷見雄二

目次

木造都市だった
ロンドン、ニューヨーク
──どのようにして防災都市化したのか

1-1 日本は木の国だから大火を克服できなかったのか

　日本では、明治時代にヨーロッパから学んだ組積造建築を建て始めるまでほぼずっと、木造で市街地建築を建ててきた。その後も、少なくとも低層建築の多くは木造で建て続けられ、住宅は明治維新から150年を経た今日でも、着工件数の過半が木造である。この間、関東大震災をはじめ、大規模な市街地大火を繰り返しており、木造建築が多いことが市街地大火が長く続いた原因だと考えられることが多い。

　一方、ヨーロッパでは、例えば、イギリスでは1666年に有名なロンドン大火を経験し、当時のロンドン中心市街地の建築物85%に当たる約13,200棟を焼失したといわれる（図1-1）。しかし、少なくとも建築物が密実に建ち並ぶ市街地では大規模な市街地火災は、19世紀以後はほとんど発生しなくなっている。

　アメリカでも、1776年の独立宣言当時から19世紀を通じて、大都市の形成が東海岸から西部に拡がっていく中で、市街地大火が繰り返された。著名なものとしては、1835年のニューヨーク大火（図1-2）、1871年のシカゴ大火（図1-3）などがあげられる。ニューヨーク大火では、焼失市街地面積は約200,000 ㎡に及んだが、シカゴ大火では、焼失市街地面積は約8,000,000㎡にも及び、アメリカ大陸で19世紀に起こった市街地火災としては最大規模の被害となった。しかし、都市中心部での大火は、1906年のサンフランシスコ地震火災以降は発生しなくなっている。アメリカ西海岸などでは現在も、毎年のように住宅地の大火災が発生して日本でも報道されているが、そのほとんどは大都市郊外の林野に開発された低密度の住宅地で起こっている。大火災になるのは、開発された林野にユーカリなどの枯れた樹皮や落葉が堆積したり、林床を埋めている小灌木が乾期に枯れて火災が拡がりやすい条件となっているところに、大陸内部からの乾燥した強い季節風が吹いて林野火災となり、散在する住宅が巻き込まれるという構図で、都市活動の拠点となる都心の火災とは性格が異なる。

　欧米の大都市では、20世紀に入る前に都市を不燃化して市街地火災をほぼ克服したのに対して、日本では長い間市街地大火が発生し続け、21世紀に入っ

図1-1　テムズ川対岸から見たロンドン大火

図1-2　ニューヨーク大火[1]

図1-3　シカゴ大火の被災地

ても大規模な市街地火災が起こっているわけである。

　確かに、欧米の歴史的な都市を歩くと、煉瓦や石を積んだ組積造の外観の建物が多い。しかし、欧米では外壁は組積造でも、屋根や内部の床、それを支える梁や内部の柱は木造とすることが歴史的に多かった。組積造では、圧縮力だけしか支えることができないため、石や煉瓦だけで建築を造ろうとすると、屋根をはじめ、各階の天井を造るにも一々、アーチやその拡張であるヴォールトを立ち上げなければならず工事が複雑なうえ、階高が大きくなるのが避け難かったからである。建物全体が煉瓦造や石造のように見える市街地建築には、外壁などの主な壁を煉瓦造や石造としていても、柱、梁、小屋組などを木造とする木骨組積造も多い。建物全体では木材が大量に使われているという点では、そう簡単に非木造といえるわけではない。木造も日本固有とはいい難いことになる。

　しかし、欧米では都市化が進んだ時期になっても、このように木材を多用した市街地建築を多数建てていたのに、なぜ市街地大火が起こらなくなってきたのか。

　木骨組積造には相当量の木材が使われているが、外壁は不燃材料で、火災加熱されてもそう容易には崩壊しない煉瓦造や石造としている。このように内部で火災が起こっても外壁が燃えたり崩れないようにすれば、それだけで火災が起こっても周囲への建物に延焼させる危険は小さくなる。外壁が崩れなければ、建物の周囲に延焼させる要因は、ほぼ外壁の窓から噴出する火炎と、屋根から飛散する飛び火程度になってしまうからである。それだけでなく、周囲で火災が起こっても、建物の外側は厚い石や煉瓦で覆われているので、建物内部に火炎が侵入し得る部分は窓などに限られることになる。そこで、隣の建物と接している外壁に窓を設けないようにすれば、類焼する危険は相当に抑制できることになるのである。

1-2 大火前後のロンドン、ニューヨーク、シカゴの状況

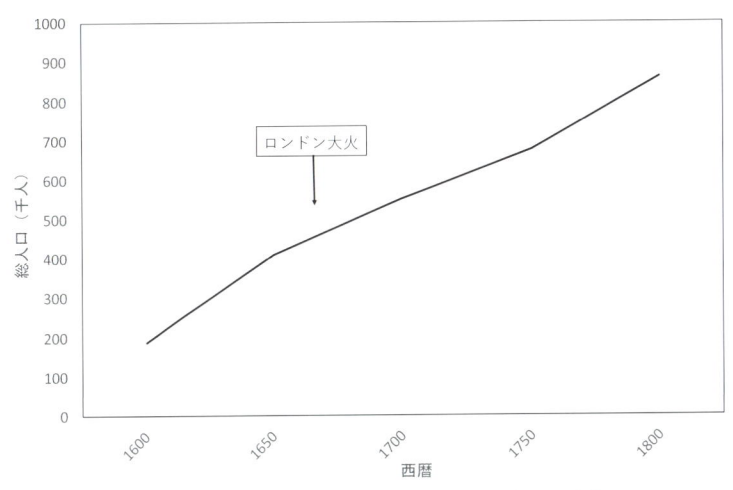

図1-4　ロンドンにおける17〜18世紀の人口の変化

　欧米の大都市の大火防止が、そう単純に不燃化の成果とはいえない、というのは具体的にはどういうことなのか。ロンドン、ニューヨーク、シカゴの大火前後の様子を再考してみよう。

　ロンドンでは、17世紀初期には約20万人だった人口が1660年頃には約40万人に急増し、1666年に有名な大火が起こった（図1-4）。ロンドンの市域はその後、大火のあったシティから外に拡がっていくが、拡張した市域を含めて市街地建築は、ほぼ外壁を組積造とする構造とした。しかし、ロンドン大火は産業革命より一世紀以上早い出来事であり、鉄を建築材料として大量に供給できるほど生産できていたわけではない。その段階で、建設に時間がかからず使いやすい建物にしようとすれば、木材も活用して木骨組積造にならざるを得なかったと思われる。

　アメリカでも、ニューヨークの人口は独立戦争当時5万人に満たなかったのが、約半世紀後の1832年に五大湖と大西洋がエリー運河で結ばれてニューヨークがアメリカ大陸とヨーロッパを結ぶ拠点都市となった前後に、急激に人口

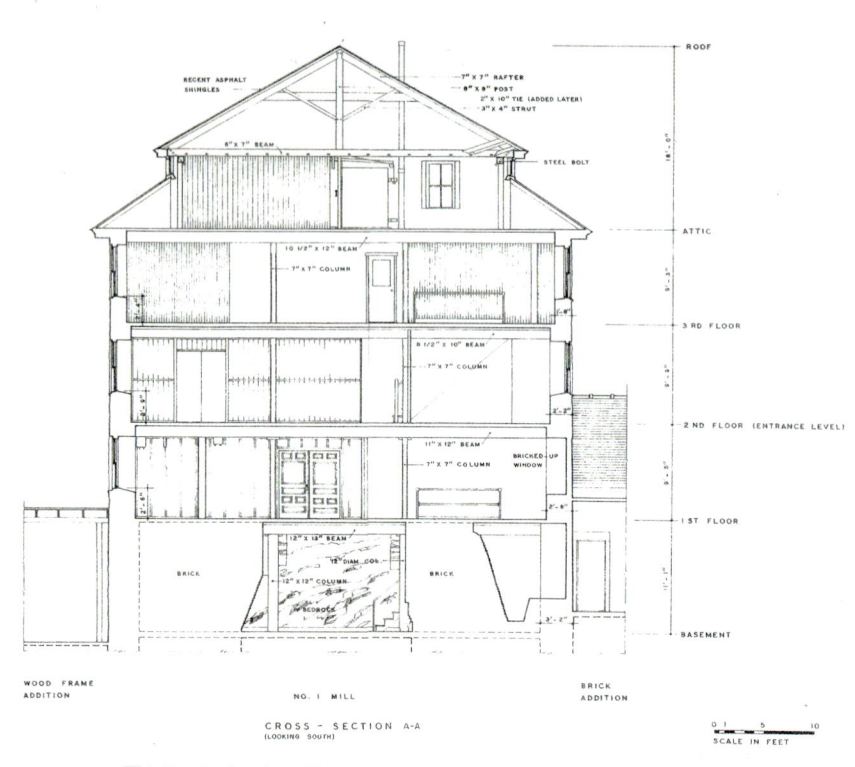

図1-5　アメリカ19世紀前期の木骨組積造(初期産業革命の工場建築)[2]

が増加した。そして、ニューヨークの人口が20万人を超えた1835年にマンハッタンの業務地域をほぼ全焼するニューヨーク史上最大の大火が発生した。大火当時、アメリカ東海岸は鉄道の敷設が始まったばかりであり、鉄の生産量が少なく、しかもその多くは鉄道建設に使われていた。当時、鉄が建材として大量に流通していたとは考え難く、木造に依存する度合いは大きかっただろう（図1-5）。ニューヨーク市の建築構造規制自体がほとんど無く、1835年大火までは全体が木造の建物が多かった。ニューヨーク市では、この大火以前にも市街地火災が頻発しており、ニューヨーク大火に関する多くの版画に描かれた建物の火災性状を見ると、建物の外壁は組積造でも内部は木造だったことが窺われる。1835年大火後は、建築規制が強化されて市街地建築の外壁

不燃化が急速に推進されたが、鉄骨の使用が増えるのは鉄の生産量が増え、建材に適した錬鉄が大量生産されるようになった1840年代中期以降であろう。シカゴは、上述のエリー運河開通後に市街地化が始まったが、南北戦争後、大陸横断鉄道の整備が進んだことでアメリカ全体の物流拠点となった。そして、シカゴの人口が30万人に達した1870年に業務地区全体を焼失する大火を発生した。シカゴ大火は、すでに鋼鉄も大量生産されるようになっていた段階で起こったのであり、シカゴ中心部の復興は、本格的な鉄骨造による高層建築主体で進められた。高層建築に必要なエレベータも1850年代には実用化されていた。この復興が、20世紀の都市建築の基本的なモデルとなったことは広く知られる通りだ。

　以上のように見ると、ロンドン大火はおろか、ニューヨーク大火も、産業革命が鉄道の普及段階に入ってその影響が都市や建築に及ぶよりも前に起こっている。そして、重工業によらない前近代的な建築技術に基づいて、都市への人口集中に起因する市街地大火の予防対策として、外壁組積造化が進められたことがわかる。

　欧米の産業革命前後の都市化に伴う大火対策をこのように説明すると、いかにも欧米の都市史を称揚しているようで、そこで起こっていた衛生環境の悪化などはどう考えるのか、と問われるかもしれない。しかし、ここで注意しておきたいのは、少なくとも、産業革命前後の段階では、都市化に関わる防災と衛生は、全く異なる角度から問題にされていたということである。衛生の問題は、都市が高密度化し、エネルギー使用が急増して客観的にも悪化して健康被害まで引き起こしている状況をどうするかという市民目線から提起された問題である。それに対して都市防災は、生産や流通の加速を背景にその拠点として不可欠の存在になってきた都市を、火災で一夜のうちに失ったりしないようにするためという産業的な視点から取り組まざるを得なくなったと解釈した方が理解しやすい。

　ロンドンやニューヨークでは、産業革命の初期段階までに外壁組積造による不燃化がいったん達成された後、重工業の進展とともに建物内部を支える木造の柱や梁は鉄骨に替わり、床は鉄骨の小梁に煉瓦のアーチを掛けて、その上面を平らに仕上げる構造に転換していった。そして、1850年代にエレベー

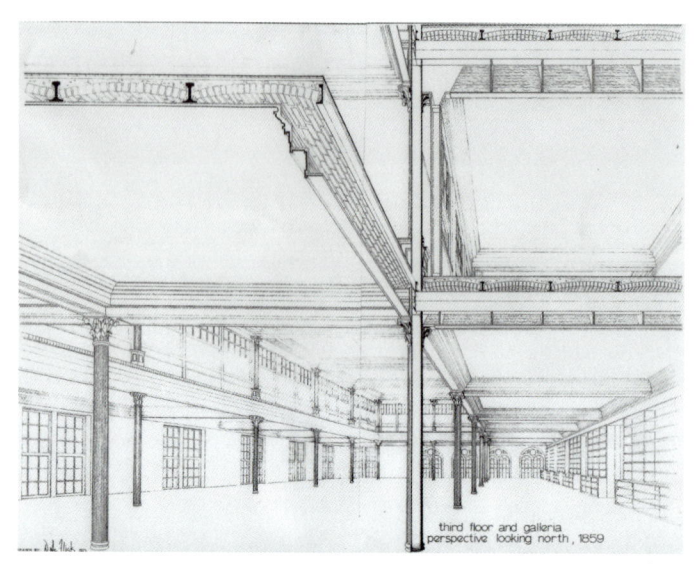

third floor and galleria
perspective looking north, 1859

図1-6　鉄骨を併用した組積造（クーパーユニオン、ニューヨーク、1859年）[2]

タがアメリカで実用化された後は、次第に高層化が進んだ。明治維新の後、欧米に派遣された岩倉視察団などが訪れて感嘆したのは、この段階の市街地建築物であろう。日本は、明治時代に欧米の建築様式を学習し始めたが、1880年代まではほぼ木骨組積造で、内部の鉄骨造化が進み始めたのは1890年代になってからであろう（図1-6）。

　しかし、建物内部の鉄骨造化は、必ずしも防火対策として進んだとはいえない。それは、初期に柱に使われた鋳鉄はもとより、錬鉄や鋼鉄も火災のような高温では耐力を失ってしまうからで、防火対策として構造材料に使うのならば、不燃断熱材による耐火被覆が必要だったはずであるが、この段階では特に被覆せずに、構造に使われていたからである。木骨組積造から鉄骨組積造への転換は、良質な木材資源の枯渇や、断面が同じなら木材より高い力学的性能を期待できる鉄骨を使うことで、大きな空間を無理なく作れるようになったことに起因するのではないだろうか。実際に、ヨーロッパに比べて木材資源が豊富なアメリカでは、木骨組積造が廃れることはなく、大規模建築や中高層建築は鉄骨化、従来規模の建築は木骨が使われ続けた。

　ニューヨークの人口は、外壁組積造が普及した1840年代には40万人に満た

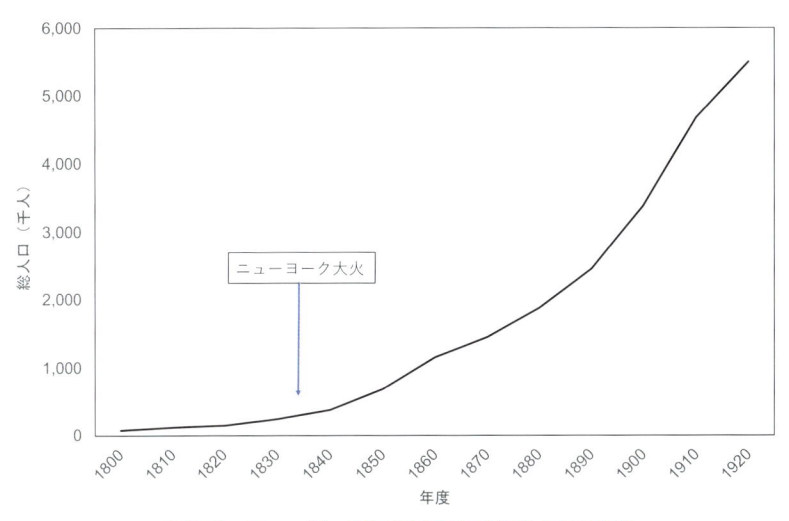

図1-7　ニューヨークにおける19世紀の人口の変化

なかったが、南北戦争直前の1860年には100万人を超え、1880年代には200万人、1900年には300万人を超えた（図1-7）。この間、市内で外壁不燃造の原則が変わることはなく、マンハッタンでは高層化がどんどん進んでいった。こうしてヨーロッパやアメリカでは、産業革命初期における都市建築の外壁不燃化の後のさらに急激な人口集中に対しても、外壁組積造建築がほぼ徹底された。

　アメリカ東海岸における産業革命は、日本よりも半世紀余り早く本格化したと考えると、近代日本が大火を克服できなかったのは、直接にはアメリカの大都市で起こったこのような変化が、東京などの日本の大都市では起こらなかったからと考えてよいだろう。

　産業革命や資本主義の形成において、大災害で都市が失われたりしないようにすることが基幹的な条件だったことは、日本近代のリーダーも認識していただろう。本書では、日本では、それがなぜ、達成されなかったかを考察のうえ、欧米型の防災都市の達成が叶わない日本の大都市の状況を踏まえて、木造市街地の存在を踏まえた防災都市を実現しようとしてきた取り組みを再評価したい。そのうえで、災害に負けないこれからの都市防災のあり方を探ってみることにしたい。

参考文献・引用文献

1) Library of Congress(USA), Reproduction Number: LC-DIG-pga-01587
2) US Department of Interior, Historic American Buildings Survey

2章

近代化の中の木造防災都市
—— 文明開化からの100年／理想と現実

2-1 明治の木造防災都市──東京防火令とその後

　ロンドンやニューヨークでは、産業革命が重工業化に及んで人口の急増が始まる前、市街地が建て込んできた段階で大火を経験し、外壁を組積造とする当時の在来建築技術による建物で復興を進めて、都市防災対策が徹底するようになった。

　この段階に相当することは、日本でも明治維新後、欧米の建築技術を日本人が学習・咀嚼する前の段階で取り組まれていた。木造建物の外壁や屋根を土や漆喰で覆った土蔵や煉瓦造による市街地の更新である。当時、頻発していた大火の復興として取り組まれた場合も多く、東京では、1872（明治5）年2月26日、旧・江戸城の一部だった和田倉門内の旧会津藩邸で出火し、銀座、築地などで約5,000戸を焼失させたいわゆる銀座大火の復興が、その嚆矢であった。大火後、政府と東京府は直ちに、被災地を欧米の大都市に倣う市街地として復興する計画をたて、幹線道路の整備とその両側の煉瓦造化を図った。

　この大火で焼尽した銀座の目の前の汐留では、当時、貿易港として整備されていた横浜と結ぶ鉄道の終着駅である新橋駅の工事が進められていた。銀座を貫通する幹線道路は、幅員15間（約27m）と、欧米の大都市の街路に迫る幅で計画され、汐留駅と、江戸以来の商業の中心であった日本橋を結ぶことになった。現在の中央通りであるが、1874（明治7）年に事業が完成すると、江戸の雰囲気のままであった周囲とは全く異なる都市空間となり、銀座煉瓦地と称せられるようになった（図2-1）。ただし、事業はイギリス人土木技術者トーマス・ウォートルスの監督と設計のもとに行われたのであり、日本で欧米並みの市街地建築や都市計画を計画し、施工の指揮に当たることのできる人材が育っていたわけでもなければ、その基盤技術が産業化されていたわけでもない。そのこともあってか、その後、煉瓦建築がそのまま大都市の民間建築のスタンダードとして普及したわけではなく、また、このような都市改造が、直ちに東京で拡大したわけでもなかった。しかし、この事業は、参勤交代という近代以前の制度のもとで構成されていた東京の市街地構造を、欧米の大都市の整備に倣って転換させていこうとする具体的なきっかけになったと思われる。銀座大火の復興が成った後の1875（明治8）年、東京府知事に就任し

図2-1　銀座煉瓦地

た楠本正隆は、近代都市としての機能配分を都市構造と対応させるための都市計画を構想して、東京の市域を15区に編成し、道路整備を始めていた。

　楠本の構想をさらに肉付けして、東京都心の大火対策全体に影響を与えることになったのは、1879（明治12）年末から1881（明治14）年春まで繰り返し神田や日本橋を火元として起こった大火であろう。すなわち、1879年12月26日に日本橋箔屋町で出火して10,613戸余を焼失した大火を皮切りに、翌1880（明治13）年12月30日には神田鍛治町で出火して2,188戸を全焼する火災、1881年1月26日、神田松枝町で出火して神田、日本橋からさらに隅田川を越えて本所、深川まで延焼し、約42万㎡、10,637戸以上を焼失させた神田大火、同年2月11日に神田柳町で出火して7,751戸を焼失した火災などである（図2-2）。銀座大火と併せて、これらの大火により、江戸時代以来、都心で商業地区として繁栄を続けてきた地区のほぼ全体が、被災したことになる。

　これらの火災の後、東京府は、1881年2月25日に「防火路線並ニ屋上制限規則」を公布した。「東京防火令」として知られる政策であり、当時の東京市15区のうち、神田区、日本橋区、京橋区と、江戸時代の町人地の中核にあた

図2-2　小林清親が描いた1881年2月11日大火（日本橋久松町）[1]

　る地域の主要街路を防火線路と定めて、そのいずれかの側で市街地火災が起こっても延焼を食い止める延焼遮断帯とするため、その両側の建物を石造、煉瓦造、土蔵のいずれかとするよう義務づけた。この時の煉瓦造も、多くは木骨煉瓦造であっただろう。さらに、麹町区を含めて防火線路から離れた部分も屋根を瓦葺きとし、開口部を土戸や金属戸などとして類焼を防ぐ屋上制限を行った。大火後に新築された建物だけでなく、大火前からあった建物についても改修や建て替えを義務づけ、違反建物は強制解体を通知するという徹底ぶりだったという。1884（明治17）年までの3年で、防火線路と定められた道路沿いの建物の8割が土蔵造などとなり、屋上制限は、対象地区の建物の4割にあたる約12,000棟で達成された。

　この後、東京では市街地大火といえるような火災はいったん起こらなくなる。この政策の全国に対する影響は大きく、地方都市で市街地大火が起こった後、土蔵などで復興される例は多かった。東京でこの政策により建てられた建物は、今ではほとんど見られなくなったが、今日、蔵の街として知られる埼玉県川越市の歴史的市街地を特徴づけているのは明治26年大火後の建築であり、当時の東京都心はこんな雰囲気だったと思われる。

木造で大火の起こらない都市を実現したこの取り組みは、ロンドンやニューヨークで業務地区に致命的な被害を与える大火が起こった後の復興に比較できるものであり、「明治の木造防災都市」というに相応しい。そして、この事業が始められた1881年は、日本で最初に正統的なヨーロッパ建築が講義された工部大学校造家学科が、辰野金吾ら最初の卒業生を世に送り出してから2年後に過ぎない。「明治の木造防災都市」事業の多くは、欧米の大都市を研究していた政治家や行政官に指揮されながらも、日本の伝統的な建築技能者に担われていたことになる。

「明治の木造防災都市」のリーダーは、日本橋箔屋町大火の直前に楠本正隆の後任として東京府知事に就任した松田直之である。松田は、日本橋箔屋町大火の後、1880年に「東京中央市区割定之問題」と題する文書を東京府会議員に配っていた。大火が続く東京をどうしようとしていたか、という関心からこれを見ると、その趣旨は、当時の東京市がほぼ江戸時代の市街地のままの15区に人口約百万人を擁していたのに対して、社会資本整備を都心の数区に集中させて近代国家の首都として機能させよう、ということだっただろう。都心以外に言及しない松田のこの考えが、どれほど当時の東京府会や明治政府を動かしたかは判然としない。しかし、文書を作成した直後に都心5区で大火がくり返されてしまったので、現実に都心5区では、その再発防止を兼ねた防災都市化の整備を迅速に進めざるを得なかったということだろう。

　東京防火令は、当時の東京市域の一部に過ぎない都心に都市機能を集約する市区縮小論と見なされることが多い。しかし、東京は江戸時代に大火を克服できないまま、世界に冠たる百万都市になっていたのである。ロンドンやニューヨーク、シカゴなどが、都市防災のための社会資本整備を徹底させたのは、人口がそれより遙かに少ない段階で大火を起こした時だった。それと東京を比べた時、首都機能を担う地区で大火の発生を防ごうとしたら、当面、欧米の大都市で市街地大火を根絶させる政策が採られた時の人口と同じ程度の範囲の改造から着手すること自体は、東京の市街地全体の規模をどのように構想しようと、現実的な判断だったに違いない（図2-3）。

　しかし、その後の東京の都市計画や市街地の変化は、市街地大火抑制という観点から見れば、ニューヨークなどとは大きく異なる。結果からみれば、そ

図2-3　1889（明治22）**年の東京都心地区**（江戸橋～兜町）
井上安治作。東京の都心地区が防火的に劣化し始める前の様子を描いている

れから15年を経過した明治30年代以降、この木造防災都市は解体し始めてい
くのである。しかし、その経過は、その後、日本で産業革命に伴う大都市の
人口集中が進んでいく中で顕在化していく「明治の木造防災都市」の限界を
も示しているのではないだろうか。その経過を要約して追ってみよう。

　東京都心の木造防災都市化を推進した松田直之知事は、事業遂行中の1882
（明治15）年、現職のまま病没し、その後を継いだ芳川顕正知事は、着任早々、
東京の都市計画の検討を始めて、その2年後、東京防火令による整備も終わっ
た1884（明治17）年には、内務卿・山県有朋に、その後の市区改正について上
申している。東京防火令は、主に江戸時代の町人地だった地域を中心に、東
京の経済活動を支えている拠点地区を対象に絞っていたが、芳川は、東京市
の市域全体の都市計画の必要を訴え、その手法として、東京防火令などの抜
本的な都市改造ではなく、より漸進的な改良を構想していた。芳川の思想は
松田の政策とは大きく異なり、都心から外れて東京防火令が波及しなかった
市域の開発を重視しているが、それは、都心は東京防火令により少なくとも
防災の問題は解決され、次の課題として住宅地などとして拡がる周辺区の防
災や衛生の確立が目指された結果とも解せよう。明治維新前の江戸では、都
心から遠い場所で出火して大火になった例も少なくなかったし、東京の市域・
人口が、ロンドンやニューヨークで大火復興が行われた時期よりも遙かに大

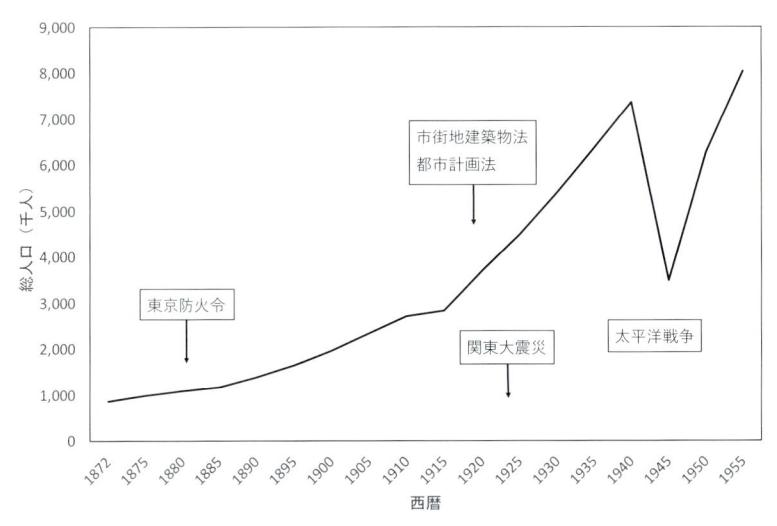

図2-4　明治〜戦後の東京の人口の変化

きかったことを考えれば、それも避けて通れない課題であった。

　芳川は1885（明治18）年に府知事を退いて内務省に移った後も、東京の市区改正に強い影響力を持ち続けていた。1888（明治21）年には、東京の市域の広い範囲で道路の新設・拡幅、公園整備などを主導する「東京市区改正条例」が公布され、1889年には、都心地区では東京防火令を継承し、周辺地区では屋上制限は見送って、街道など主な道路の両側を煉瓦造などとする路線防火の考え方を組み合わせた「東京家屋建築条例」案がまとめられた。周辺地区では、市街地火災の防止自体は断念して、幹線道路を延焼遮断帯として延焼範囲の抑制に努めようとしたことになる。周辺地区では、家屋全体に瓦葺きを要求することにも経済的な困難があったことを窺わせる内容である。

　しかし、「東京家屋建築条例」案は、結局日の目を見ることはなく、都心地区でも、次第に東京防火令のままでは都心に相応しい機能を果たすのが難しくなっていった。条例案が通らなかったのは、欧米風の町並みを実現しようとして、工法を石造、煉瓦造に絞って土蔵造を排除したのが現実的でなかったからとの説もある。しかし、事情は少なくともそればかりではない。

　1892（明治25）年頃から東京の人口は、全国平均を大きく上回って増加し始めていた（図2-4）。しかし、東京の市域では、この人口増加とその背景にある

図2-5　濃尾地震による煉瓦造の被害(名古屋市)[2]

経済活動の拡大に必要な空間を、市街地建築の階数の増加で支える見通しは立っていなかった。すなわち、欧米の大都市では、外壁組積造の階数を増やして増加する都市人口を吸収することが多かったが、日本では1891 (明治24) 年に起こった濃尾地震で煉瓦造が多大な被害を受け (図2-5)、組積造では4階建て以上を建てるのは事実上、不可能と考えられるようになった。3階建てでも相当な補強が必要で、平面計画や窓などの配置も耐震対策で制約を受けることなどが判明し、現実に、1894 (明治27) 年に竣工した三菱一号館は、3階建ての煉瓦造であったが、相当な耐震補強がされていた。無論、土蔵造による高層化はそれ以上に難しかった。現実に、明治後半に東京の人口が急増しても、都心地区の人口はほとんど増加しなかったが、それは、人口が増える社会的・産業的な要因が問われる以前に、単に人口増加を受け入れる建築面積を確保できなくなっていたことの現れではなかっただろうか。

　欧米の大都市で産業革命が進行する経過で起こったような広い範囲の中・高層化は起こらず、増えた都市人口は、市街地の水平方向の拡大、つまりスプロールによって吸収されざるを得なかった。そして、そうして人口が増えていた周辺区の市区改正が停滞した理由はよくわからないが、そもそも東京

防火令が建設費のかかる土蔵造や煉瓦造の推進から屋根の不燃化まで、その所有者の負担として短期間に敢行されたことなど、いささか強引である。それが実現したのは、広範囲を焼尽する大火の直後であり、対象となった都心地区の企業家の経済力が強かったうえ、大火が頻発するようでは、彼らが目指す資本主義の振興など不可能だと思っていたからこそではなかったか。

東京防火令は、確かに防災事業として素晴らしい成果をあげたが、都心地区以外では成り立たない政策である。都心地区でも、その後、建て替えや再開発などが行われたとしても防災性能を維持できるようにしていくためには、建物所有者に対する何らかの誘導策が必要だったのではないだろうか。都心地区の企業活動の拡大によって建て替えや再開発が行われるのなら、その所有者の負担に任せて防災性能の遵守を確実化させてもよかっただろうが、市区改正事業には、都心地区における道路拡幅も含まれていた。その時にせっかくの土蔵造の街並みを解体して道路を拡幅した後の建物の再建で防災性能が低下しないようにするには、少なくとも建物所有者の負担を緩和する誘導策が必要だったはずである。しかし、そのような誘導策は、市区改正事業でも検討されたようには見えない。周辺地区の市区改正事業では、幹線道路の両側の建物だけを防火規制対象として路線防火を達成しようとしたが、それも不完全に終わって、都市防災上効果をあげたとはいい難い。

「明治の木造防災都市」の実現とその後を都市防災的に見ると、都心の業務地区においては、経済の拡大の場としての中高層化を支える建築技術を用意できなかったこと（図2-6）、また、周辺地区では施主の負担軽減のための社会的仕組みやローコストの防災技術を実用化できなかったことが、人口がさらに増加する東京に相応しい都市改造を進められなかった大きな背景だったのではないだろうか。このうち、都心地区に対する技術の問題は、日本が学習していた欧米建築では想定していなかった地震が背景にある以上、自前で解決していかざるを得ず、そう短時間に解決がつかないことは、当時でもわかっていたはずである。裏返していえば、当時の大都市の経営はそうした事情を軽視して、人口集中をなすがままにしてしまっていたということでもあった。

こうして19世紀末の10年間に、東京では中層化もままならないまま、市域の人口は50%も増加して200万人を望めるほどになる。その頃から日本の建築

図2-6　明治末の丸の内[3]
3階建てがスタンダードとなっている

学の関心は、国際的に見ても先端建築技術であった鉄筋コンクリート造に集中していった。地震や大火が懸念される日本の大都市の中高層化を果たすには鉄筋コンクリート造を活用するしかないと考えられたのだろう。しかし、鉄筋コンクリート造による中高層化が実現し始めるのは、そのさらにおよそ20年後、大正中期に入ってからである。

　つまり、「明治の木造防災都市」は、ロンドンやニューヨークで、産業革命が進む前の段階で起こった大火の復興と比較できる発想と技術で成し遂げられはしたが、その後に起こるさらなる人口増加や都市の産業化を受け入れようとしても、ロンドンやニューヨークのように、大火復興後に産業革命の成果を注入して漸進的に中高層化を図ることはできなかった。にも関わらず、大都市の人口集中を制御し、人口増加が特に集中する周辺地区を防災的に改善する政策が採られなかったことが、東京と欧米の大都市との間で、産業革命後の都市防災のあり方や大火のリスクの大きさを分けたといえよう。
「明治の木造防災都市」は、20世紀に入った頃から都市防災的な効果を低下させていくが、その内容は、スプロールによって都市防災上の危険が都心以外で拡大したことと、防災都市化がいったん達成された中心地区の内部の防災的内容の劣化の二通りであった。

　前者については、道路拡幅や道路両側の建築物の防火的強化もそれほど進まなかったので、東京防火令以後、起こらなくなっていた数千戸規模の大火

が、周辺地区で再び、顕在化するようになった。また、後者については、東京防火令から時間がたつと、都心地区でも、当初の防火性能を持つ建物が建てられなくなっていった。例えば、東京市区改正条例に基づく都市改造が停滞していたため、明治30年代には事業を進めやすくするように市区改正速成計画が検討され、1903（明治36）年にそれが告示されると、土蔵造で路線防火が完成していた道路を、建物を撤去して拡幅した後に防火性能の劣る建物が建てられるようなことが普通になっていた。事業の遂行に当たって、建物の防災性能を維持させる誘導策に欠けていたことが窺われるが、都市人口増加に伴う短期的な要請に応えようとするあまり、大規模災害のリスクを却って高めた拙速な政策であったと評されても致し方のない経過であった。

　東京防火令以来、ほぼ一世代の間、市街地大火の発生を防止してきた「明治の木造防災都市」であったが、日露戦争後、東京では人口増加がさらに加速し、明治40年代には再び大規模な市街地火災が起こるようになる。1911（明治44）年4月9日、浅草区の新吉原遊郭で出火して6,000戸余を焼失した吉原大火や、その約2年後の1913（大正2）年2月20日、神田三崎町で出火して現在の水道橋駅付近から皇居内堀付近まで約2,300戸を焼失した大火は、その最たるものであった。大火では煉瓦造や土蔵造の建物も被災して取り壊されたりしたが、復興では、区画整理は行われず、幹線道路両側の建物の防災整備が推進された形跡もない。この両大火で被災した地区は、江戸安政地震（1855）の際に火災を多発して、多大な被害を生じていたが、これらの大火の約10年後の関東大地震でも、その歴史を繰り返す結果となってしまった。

　日露戦争前後から、日本では重工業も発展しており、大都市では、それに起因する人口の急速な増加が始まっていた。同様の都市の変化は、欧米の大都市ではもっと早く起こって、少なくとも大火対策が持続するように開発が進められていたのに対して、日本ではそのリスクを制御する政策がとられたとはいい難い。

　そして大正期には、東京はその状況を変えられないまま、また、その状況を変えるための政策や法整備も進捗しないまま、さらに急激で大規模な人口集中を迎えることになる。1914（大正3）年に第一次世界大戦が始まると、ヨーロッパの工業国は戦場となって工業生産が激減した。そこで、すでに製鉄な

と重工業の基幹産業が稼働していた日本やアメリカは世界中に工業製品を供給する拠点となり、日本は空前の好景気となったのである。大正期の最初の10年を通して、東京のスプロールは、東京市15区も超えて拡大し始め、自然災害や大火のリスクはますます高まっていった。大都市の秩序ある整備を目的とする都市計画法と、都心に建つ大型建築の規模・防災性能などを規定する市街地建築物法がようやく制定されたのは、第一次世界大戦後の1919（大正8）年のことであった。

2-2　関東大震災

　第一次世界大戦末期からの5年間で、東京市の人口は約100万人増加して、1923（大正12）年には、ほぼ400万人に達していた。その1923年9月1日午前11時58分ころ、関東地方南部を震源とする大地震が発生して、東京市内では震度6の揺れを観測するなど、関東から中部地方にわたる広い範囲で強い揺れが生じた。その後、津波や火災などの二次災害が発生し、その被害の全体が関東大震災である。

　地震発生後、東京や横浜を始め、広い範囲で多数の火災が起こったが、昼食準備のために使われていた木炭が主な出火原因と目されている。地震では、合計で37万戸が重大な被害を受け、死者・行方不明者は105,385人に上ったが、被災した家屋の半数以上は火災による焼失、犠牲者の9割近くは火災による焼死であった。その多くは東京と横浜で発生し、東京では焼失家屋17万戸以上、焼死者数は66,521人に上った。地震による被害は日本の災害史上最大といって過言ではなく、東京に限っても、江戸・東京史上、最も深刻な災害であった。横浜では、焼失家屋約3万5千戸、焼死者数25,201人であったが、当時の横浜市の人口は約40万人と、東京の約1割であったから、人口比で見ると、横浜の被害は極めて深刻だったことが窺われる。

　地震後、東京帝国大学物理学教室の中村清二教授は、物理学・天文学教室の学生を動員して、東京市内の火災の目撃記録を広範囲に収集した。その結果から、地震後、火災が時間とともにどう拡がったかを地図上に整理した延焼動態図を作成した。図2-7が、その延焼動態図で、焼失範囲は、都心地区か

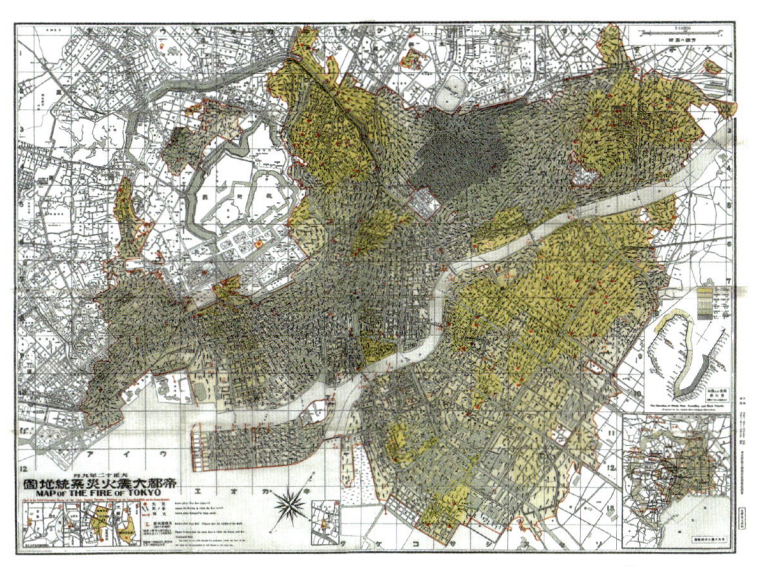

図2-7　関東大震災における東京の焼失範囲と延焼動態[4]

ら隅田川両岸にわたって拡がって、千住近くに及んでいる。江戸開府以来、江戸・東京では膨大な数の大火が起こっていたが、ほとんどの場合、焼失範囲は、火災当時の主風向に沿って細長く拡がっており、これほど広範囲に拡がることはなかった。また、幕末に起こった直下地震・安政大地震（1855）でも多数の火災が発生し、江戸市中とその周辺の広い範囲で火災が起こったが、出火点ごとに、その周辺市街地を焼いて終わっていた。中村の調査によれば、関東大地震で市街地火災の火元となったのは84箇所であったが、なぜ、安政大地震と違って、関東大地震では、これだけ広範囲にわたって隙間なく、焼失してしまったのか。

　地震の当日、関東地方では、能登半島付近を移動していた台風の影響で強い風が吹いており、台風の移動に伴って、関東でも風向がめまぐるしく変化した。そのため、火災は、最初、南風にあおられて隅田川上流側に向かって拡がっていたが、途中で風向が変わると、火災は南西に拡がるようになり、その後、風向が再び変わって南風になると、火災の影響は避難場所に及ぶようになった。東京の市街地では、出火を免れたり初期消火に成功した地区も多

かったが、火災は、それらの地区も舐め尽くすように拡がった。

　出火が多かった地区では、市街地火災の様相を呈し始めた頃から、隅田川を越えて避難しようとした住民も多かったが、当時の隅田川の架橋の多くは木橋で、いずれも、類焼して炎上してしまった。また、交通の要衝として重要な五橋は明治時代に鉄橋となっていたが、橋板などは木造であり、永代橋、厩橋、吾妻橋は市街地の延焼が進む間に炎上し、新大橋以外は、避難には使えなくなっていた。こうして、避難路を絶たれた避難民の多くが火災に巻き込まれて犠牲となった。地区外への避難路を絶たれた江東デルタ地区では、住民は地区内で広い空地を求めて集まったが、その中でも最大規模の本所被服廠跡地では、3万を超える避難者が集まった段階で大規模な旋風が発生し、住民が持ち込んでいた家財道具に引火するなどして、集まっていた人の多くが犠牲となった。

　地震が起こってから、東京の市域が火災に呑み込まれていくまでの市街地と人々の状況を記録する貴重な映像がある。映画カメラマンとして映画史に名をとどめる高坂利光・伊佐山三郎による「関東大震災実況」である。

　地震と、それに続く大火で甚大な被害を受けた浅草の隅田川対岸には、当時、大手映画供給会社だった日活の向島撮影所があった。地震当日、高坂は、撮影技師として向島撮影所で映画の撮影を行っていたが、地震で撮影は中止。浅草に聳えていた煉瓦造の塔、浅草十二階の上部が崩落しているのを見て、地震の被災の状況の映像記録を決意し、助手を務めていた伊佐山とともに吾妻橋を渡って、浅草から蔵前、神田、日本橋、京橋、銀座、大手町、日比谷の状況を映像に収めたのである（図2-8）。吾妻橋は、鉄骨橋だったが、地震の後の市街地大火では橋板が類焼して炎上してしまう。高坂らが渡橋した時には、まだ、大きな火災は起こっていなかった。

　映画は、日本では、大正に入った頃から大都市で人気を博しており、地震以前にアメリカに倣って映画の制作、供給、上映を一括して事業化するための業界編成が進んでいた。これも、当時の大都市への急激な人口集中の一つの現れといえようが、ラジオ放送も始まっていなかった当時、映画館は娯楽の場だっただけでなく、重要な出来事を映像で見せる場にもなっていた。映画の撮影所や撮影技師は多く、関東大震災の後の東京の状況を写した映像は、

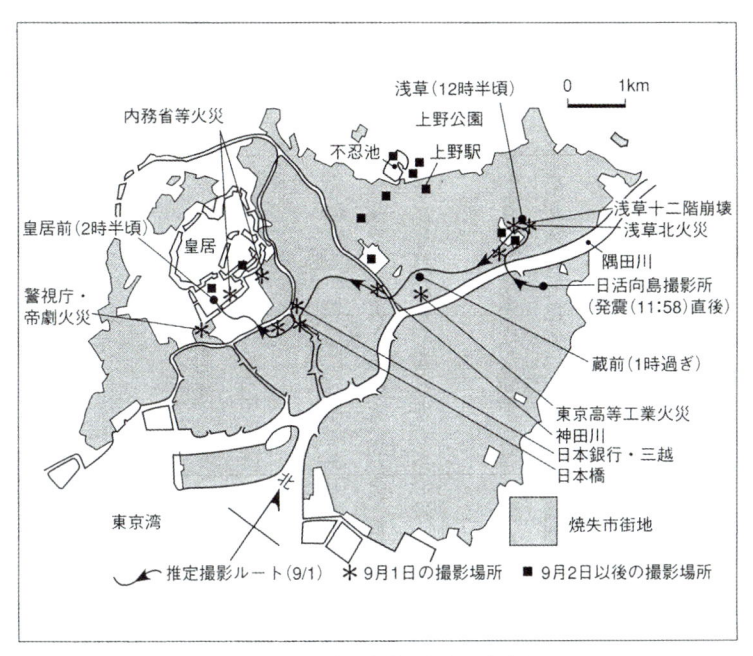

図2-8　高坂利光・伊佐山三郎「関東大震災実況」の足どり

少なくとも十数件が制作されたが、それは、撮影所や撮影技師が、報道記録としての映画の役割を意識していたからだろう。関東大震災の多数の映像の中で、高坂・伊佐山による「関東大震災実況」が今日、特によく知られているのは、写し込まれている遠景などによって撮影された場所を特定できたり、地震直後の人の動きや消防活動、避難場所の様子まで記録されていて資料価値が高く、大災害でどんなことが起こるのかを的確に捉えているからだろう。「関東大震災実況」に写された場所を見ていくと、高坂らは、浅草を起点として、おそらく、隅田川に近い江戸通りを南下し、蔵前を通って神田川を渡り、中山道との交差点を日本橋方向に歩いて、京橋、銀座に至ったようだ。現在、このルートの地下には地下鉄が走っており、都営浅草線を、浅草駅で乗車し、新日本橋駅で下車。銀座線の三越前駅で再び乗車して銀座に向かうと、概ね、この経路となる。当時は、無論、地下鉄は開通しておらず、路面電車が走っていた。その軌道が、時々、映像に現れる。銀座に着いた後は、山手

図2-9　関東大地震直後の東京・浅草付近[5]

当時の街並みの様子がわかる。地震直後だが住民はまだ、どうしてよいかわからない

線や東海道線の線路を越えて、大手町などに移動したと思われる。

　浅草から銀座までの高坂らのルートは、明治時代の東京市区改正では第一等第二類に指定されている。幅員10間（約18m）以上の車道に左右2間半（4.5m）の幅の歩道の敷設が計画されていた。道路のうち、神田川よりも日本橋側は、地震の約40年前、東京防火令で徹底した土蔵造化が行われていた。つまり、高坂らは、地震発生後、大火で焼失する前に、「明治の木造防災都市」を、その周縁から中心に向かって一直線に歩いて、その周囲を映像に記録したことになるのである。この経路は、当時の東京市域のうち、庶民住宅の多い地区から資本の集積する業務地区までの社会構造を切り取るものでもあった。

　高坂らが歩いたルートをこう解釈してみると、「関東大震災実況」は、写された建築物の状況については、東京防火令以来の東京市域の都市防災政策が地震にどう耐えたかを示している。また、写された人々の動きは、突然、何の前触れもなく地震に襲われた人々の反応の貴重な記録であるとともに、当時の東京市域の社会構造の断面を考現学的に示しているといえる。

　撮影所に近い浅草では低層建物の地震被害がうかがわれるが、路上で地元

図2-10 関東大地震直後の東京・蔵前[5]
遠方に火災の煙が左に流れている。集まった人たちはまだ野次馬気分である

住民と思われる女性が警官と立ち話をしていたりしていて、警官を含めて突然の大地震にどうしてよいかわからない様子である（図2-9）。南下して蔵前を通りかかった時には、当時、蔵前にあった東京高等工業学校（東京工業大学の前身）が炎上し、膨大な煙が風下を覆っているのを群衆が集まって見ている（図2-10）。ここにも、大災害に巻き込まれていることを意識している様子は窺われない。さらに進んで、日本橋と思われる橋からの映像には、小舟の上の人の様子も見られるが、慌てたりする様子は見られない（図2-11）。川の向こうの遠景には土蔵群がそれほどの被害を受けた様子もなく並んでいるが、この地区では、地震後の出火もなく、地震そのものには冷静に向かい合っていたようにも見える。都心に向かうにつれて、写っている人の服装は和装から洋装に変わり、避難所と思われる場所を除くと画面に写る人の密度は低下して、写される場面は、次第に、人々の様子から建物の被災の状況や消防活動に移っていく。大手町・日比谷に着いた頃には、日比谷にあった煉瓦造の警視庁が炎上し、皇居前に多数の乗用車が集結している。火災に巻き込まれるのを恐れての集結であろう。都心の映像は、恐らく、地震発生から2、3時間後であ

図2-11　関東大地震直後の東京—日本橋[5]

日本橋の上から撮影したと見られる。遠方に江戸橋、土蔵群

図2-12　関東大地震直後の東京[5]

倒壊した洋風商店建築群

り、大火災が現実の脅威となって、組織的な災害対応が始まっていたことを窺わせる。

　映像を見る限り、高坂らが都心に着く前の段階では、その後、江戸・東京としては未曾有の犠牲者を出す災害になっていくことは予想し難い。ラジオ放送もなかった時代であり、東京市内の状況の変化もタイムリーには市内で認識を共有できていなかったことを思わせるが、地震後の火災の拡がりが、いかに急激で、意表を突いたものであったか、ということでもあろう。

　高坂らが歩いた道路の両側の建物の映像を見ると、土蔵造や煉瓦造らしい建物は意外と目立たない。撮影の関心そのものは、被害が著しい建物に偏っただろうが、それにしても、土蔵造は、浅草から蔵前まではもとより、日本橋から銀座の間と思われる範囲でも、映像の近景にはそうは見当たらない。土蔵が登場するのは、地震で土が剥落した状態を示したものを除けば、日本橋川の遠景に見える倉庫群くらいのものである。道路の両側を占めているのは、むしろ、大正期に入ってからの建築と思われる洋風建築である。その多くは恐らく木造であろう。地震による被害が目立っており、2階建てで道路に面した1階がほぼ全面にわたって開放されたモダンな外観の建物が、一階を潰すようにして崩壊している（図2-12）。銀座の映像は少ないが、煉瓦造と思われる建物は、ほとんど確認できない。銀座大火後の煉瓦造や東京防火令により建てられた土蔵造の多くは、関東大震災の頃にはすでに建て替えられ、防災性能を欠いた建物になっていたということである。

「関東大震災実況」には、浅草から銀座までが火災に呑み込まれた後の映像はない。地震の後、多数の出火があったことは前述の通りだが、火災はどう拡がったのだろうか。地震当時、風が強く、風向も大きく変化していたことが、これほど広い範囲に延焼した重要な要因だが、ここで、焼失範囲と出火点を地図に書き込んでみよう。東京では、幕末にも大きな直下地震に襲われていたが（安政江戸地震、図2-13）、併せて、その延焼範囲も同じ地図に描いてみる。安政江戸地震の時も、多数の火災が起こったが、大した風が吹いていたわけではなかった。そのため、火災は市街地で延焼はしたが、空地などで燃え止まっていた。このように作図すると図2-14のようになるが、この図が関東大地震後の火災がなぜこのような事態になったのかを端的に物語っている。

図2-13 安政地震(1855)による火災

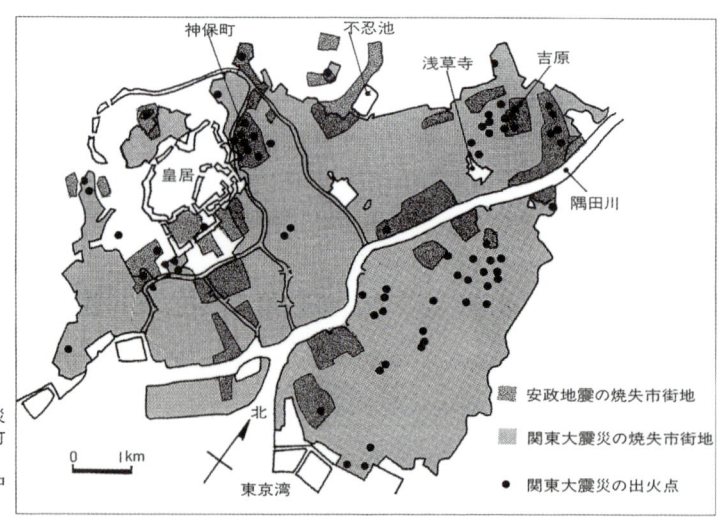

安政地震と関東大震災
による江戸・東京下町
の延焼範囲
(関東大震災火災は中
村清二の調査による)

凡例:
- 安政地震の焼失市街地
- 関東大震災の焼失市街地
- 関東大震災の出火点

図2-14 安政地震と関東大震災を比べる

図を見ると、安政江戸地震で大火となった場所のほとんどでは、関東大地震でも、延焼火災の火元となる火災が起こっている。安政江戸地震で大火を引き起こしているのに、関東大地震では火災を免れているのは丸の内くらいのものだが、それは丸の内が本格的な欧米の大都市流の事務所建築街となっていたからである。安政江戸地震でも、また、関東大地震でも大火になった場所のうち、神田神保町や浅草北部の吉原などでは特に多数の火災が起こっている。共通するのは地盤の著しい軟弱性で、安政江戸地震でも、また関東大地震でも多数の建物が倒壊した。想像されるのは、使っていた火気などが倒壊した建物の下に隠されて、住民らが自分で消火することができないまま、火災として拡がってしまったことである。神田、日本橋など江戸時代以来の町人地の中核地区では、関東大地震ではそれほどの火災を起こしていないが、地震直後に仮に出火したとしても、火災が大きくならないうちに消火してしまった場合が多かったのであろう。

　安政江戸地震では火災が起こらなかったのに、関東大地震で出火が目立つ場所として、隅田川東岸北部や、現在の溜池付近などがある。溜池は、安政江戸地震当時は、地名通りの大きな池だったのが、明治時代に埋め立てられて、市街地化したが、事情は、隅田川東岸も大して変わらない。安政江戸地震の頃は原野や田畝だったのが、第一次世界大戦期の急激な人口集中を機に開発された場所も少なくなかった。明治時代に耕地として区画整理された場所もあったが、総じて地盤は軟弱で、関東大地震では、まず、地震により家屋群が神田神保町や吉原と同じような被害を受けて、多数の火災が起こったのだろう。そして、そこには、地震の経験のない地方から東京に出てきた人たちが住み始めていた。地震時の初期消火の習慣や住民の間の協力関係などは、江戸っ子のようには身についていなかったに違いない。

　関東大震災の時期には、東京・丸の内ではすでに、鉄筋コンクリート造や鉄骨鉄筋コンクリート造の高層建築による再開発が始まっており、関東大震災でほとんど被害を生じなかった建物もあった (図2-15)。市区改正事業では果たせていなかった都心業務地区の高層化は現実のものとなってきていたのであり、震災復興に当たって、都心地区や山手線に沿って形成されつつあった郊外鉄道のターミナル駅付近の百貨店や事務所、学校などでは鉄筋コンクリー

図2-15　日本興業銀行(1923)(設計:渡辺節、構造設計:内藤多仲)[6]
耐震壁による初期の耐震設計。関東大震災でほとんど被災しなかった

ト造化が推進された。一方で、大火の火元となった低層市街地については、震災で焼失した市街地の区画整理がされたものの、そこに建てられた建物が防災的に改善されたとはいい難い。当時、湿式工法である土蔵造は、工期の長さやコスト、建設可能な建物の規模の制約などから省みられなくなっていたが、震災前には煉瓦造が低層市街地建築として普及していたし、低層市街地建築に適した防火的な工法として、コンクリートブロックによる乾式工法の開発も進められていた。しかし、煉瓦造は、震災を機会に建築構造にはほとんどまったく使われないようになり、コンクリートブロック造も大して使われることはないまま、低層市街地の復興は、ほぼ、防火的にも耐震的にも見るべき対策が講じられていない木造家屋をもって行われたのだった。

2-3　戦前期木造防火研究——木造防災都市への工学的アプローチ

　1933 (昭和8) 年8月28日、日本で初めて、実際の建物を試験体とする火災実験が東京帝国大学構内で行われた (図2-16)。

図2-16　東大第一回火災実験(1933)

　実際の建物を使った火災実験は、日本でそれ以前にも行われたことがあったが、実験結果から普遍的な法則性などを誘導するのに必要な測定が行われたのは、おそらくこの実験が最初であっただろう。実際の建物を使った科学的な火災実験としては、ことによると、世界でも初めてだったかもしれない。実験の責任者は東京帝国大学教授・内田祥三。大正時代前期に丸ノ内初の鉄筋コンクリート造事務所建築の構造設計を行い、震災後には、鉄筋コンクリート造による東大キャンパスの施設整備を推進して自ら設計も行っていた人物である。実験チームには濱田稔、武藤清、岸田日出刀、高山英華らと、後に日本の建築学を背負うことになる人物が名を連ねていた。

　実験の主な結果は、早速、建築学会の機関誌「建築雑誌」で特集されたが、それによると、実験の目的は、都市の防空対策の開発とされている。

　その頃、日本は中国と戦争状態に入っており、実験が行われた年の3月には国際連盟を脱退するなど、国際的に孤立し始めていた。一方、当時、飛行機の技術革新はめざましく、火災実験の半年前の1933年2月には、アメリカで、全金属構造、引き込み脚、航続距離1,200kmの双発輸送機ボーイング247が初飛行していた。爆撃機が中国大陸から日本上空に飛行して、大都市を爆撃できるようになるのも時間の問題となっていたのに対して、日本の都市の脆弱

性は、すでに関東大震災で露呈していた。火災実験に関する報告などを見ると、木造家屋が建ち並ぶ日本の市街地が爆撃されれば、市街地火災となって爆撃による直接の破壊を遥かに超える被害を発生しても不思議ではないと考えられていたことが窺われる。

東大が主導する木造家屋の火災実験は、この実験を最初として合計3回行われた。

最初の実験は平屋の小規模な家屋を曳家して行われたが、その後は建物を並べて延焼性状の把握を目論む実験や、2階建ての建物の火災実験も行われた。他にも、防空改修のキャンペーンを兼ねた木造家屋の火災実験が、内務省の主導により全国で行われていた。そして、それらの結果をもとに、1939（昭和14）年に防空建築規則が制定され、大都市の都心に近い木造地区の防火改修が始められるようになった。

防空建築規則の細部の整備は、その後、防火改修規定の整備などを含めて、太平洋戦争開始後の1942（昭和17）年まで続く。最初の火災実験から防空建築規則の整備までの研究は、防火研究としては、日本ではかつてないほど精力的なものであった。一方で、第一回火災実験が行われた1933年は、報告書では言及されていないが、関東大震災から10年後にあたる。第一回実験の3年前には震災からの復興が宣言されていたが、実験から半年後の1934（昭和9）年3月には函館大火が起こって、11,000棟以上を焼損し、2,000人を超える犠牲者を出して、大都市で無計画に形成されてしまった密集市街地の防災上のリスクが解決されていないことを改めて露呈していた。

こうした中で進められた研究に基づいて導入された防空建築規則は、戦後、建築基準法の都市防火規定に継承されていく。その意味で、戦前期に行われた木造防火研究は、戦後の日本の都市防災や木造建築のあり方を基本的に方向付けたといっても過言ではない。この研究が何を目指して、どのように行われ、その成果がどんな意味をもつかを考察することは、日本の近代都市における都市防災のあり方を理解するうえで避けては通れないだろう。

まず、防火工学的に少々専門的になるが、火災実験をもとに防空建築規則に収斂されていく木造防火研究の内容を概観しておこう。

図2-17は、火災実験で得られた建物内外の温度データを整理して、建物の

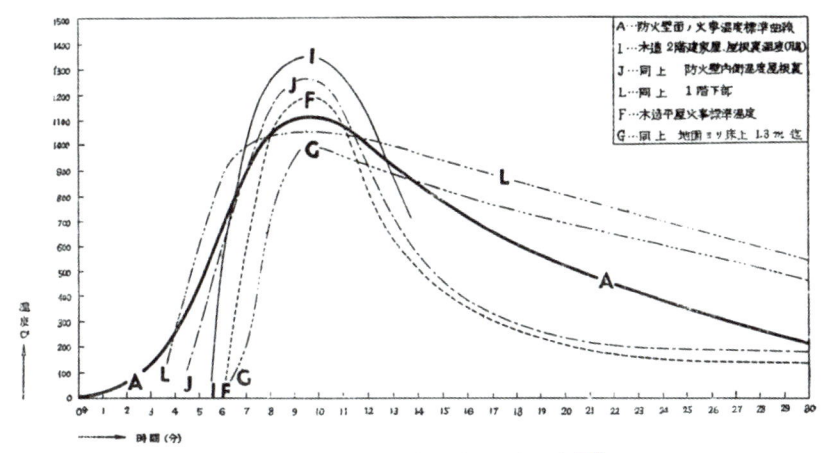

図2-17　木造家屋火災時の温度の変化[7]

外壁条件や建物からの距離に応じて設定された温度と時間の関係である。

　試験体家屋の居室内の可燃物に点火すると、家屋内外の温度は10分以内にピークに達し、その後は次第に低下していく。温度がピークに達するまでの経過は、木造家屋の火災で初期消火に失敗すると、ほんの数分で燃焼が家屋内全体に広がって建物が炎上し、崩壊し始めることを表している。その後、崩壊が進むと、建物の部材は地表に積みあがるようになってしまうので、燃焼は却って抑制され、温度が低下するということである。

　家屋の周囲に木造家屋があれば、この最初の10分間の激しい燃焼の間に隣の建物の外壁への延焼を防ぐのは困難である。しかも、ここで延焼を許してしまうと、複数の家屋が同時に炎上し、消火はますます困難になり、次々に延焼して市街地火災になる危険が大きくなる。図2-18は、1979年に大分県佐賀関町（現在、大分市）で、1920年代後期に精錬所の社宅として建てられた多数の木造家屋を使って行われた火災実験の様子であるが、左側で炎上する家屋群が炎上し、右側の家屋の外壁が強い放射熱を受けて類焼したところを示している。木造家屋火災のピークは、概ね、このような状況に対応している。

　市街地火災への拡大を止められるかどうかは、出火家屋から隣の家屋への延焼防止が生命線ということになるが、消防活動を行うにしても、初期消火に失敗するような段階から周囲に延焼危険をもたらすまでの時間がこれほど

図2-18　炎上する家屋からの放射熱による延焼

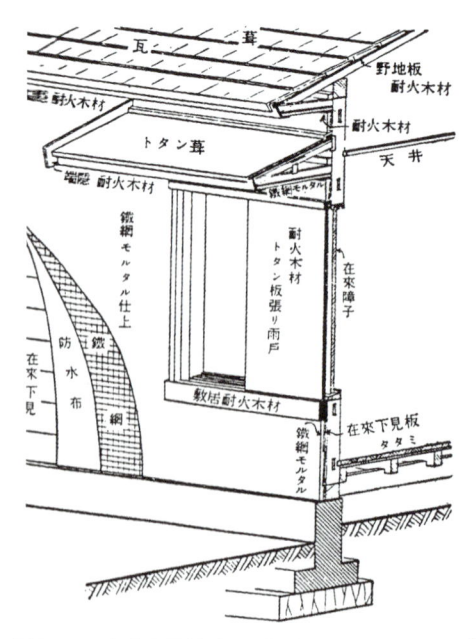

図2-19　木造家屋外壁の不燃被覆による防空改修[8]

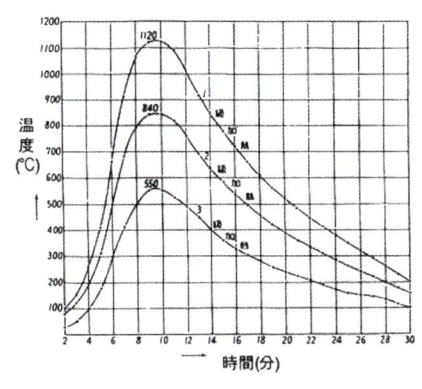

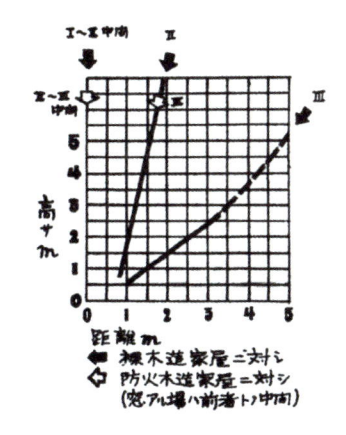

図2-20　JISA1301防火加熱曲線[10]
戦前期の木造家屋火災実験をもとに誘導された標準加熱曲線。1990年代まで防火構造などの評価に使われていた

図2-21　炎上する木造家屋からの距離・高さと温度等高線[9]

短いと、消防隊はおろか、自主防災などの組織でも火災の鎮圧は困難である。そこで、木造家屋の外壁を外側から不燃材料で覆って外壁の木材の着火を防ぐ必要があると考えられた。火災実験によると、木造家屋で初期消火に失敗すると、急速に燃え広がる危険が大きいが、建物の広範囲に火災が拡がると崩壊し始めるので、著しい高温は長くは続かない。隣の建物の外壁から見れば、火災加熱される時間そのものは短いので、当時多かった下見板張り木造家屋なども、外壁などをラスモルタル、漆喰・土などで護っておけば、近隣で火災になっても類焼を防ぐことができると考えられた（図2-19）[8], [9]。

　防空建築規則では、外壁に必要な類焼防止性能を次のように設定している。

　まず、火災実験の温度データ（図2-17）をもとに、出火した木造家屋の外壁温度の経過を標準化し（図2-20）、この曲線を一級加熱と定義する。建物周辺の加熱条件は距離とともに低下するので、一級加熱の温度を3/4倍、1/2倍した温度・時間曲線を各々、二級、三級加熱とする。実験データを見ると、距離が同じでも地上から高いほど高温で、二級、三級加熱を表す距離と高さの関係はほぼ放物線状になる（図2-21）。一方、外壁の防火性能については、この加熱を受けても、ラスモルタル、土などの被覆で内部の柱・梁などの木材への着火を防ぐことができるようにすることを許容条件とした。

研究では、各種の外壁被覆によって内部の柱などの木材への着火を防ぐことができる加熱条件を明らかにするために、ラスモルタルなどの被覆部分だけをパネル状にした試験体を耐火炉に装着して各級の温度・時間曲線に曝露し、試験体裏面に貼った木片に着火しない限界の等級を求めて、その被覆の性能とした[9],[11]。外壁は隣棟に近いほど高度な防火等級が必要になるが、距離・高さの関係を放物線で表すのは実用的でないため、規則では、隣棟との距離を、一級は0m、二級は2mとし、三級は高さ2.5m（距離3m）以下を1階、5m（距離5m）以下を2階とみなして、1階は3m、2階は5mの距離の外壁に三級の性能を要求した[3]。加熱実験により、ラスモルタル被覆は30㎜厚で一級、25㎜厚で二級、15㎜厚で三級、また、漆喰・土塗は木摺から25㎜厚で一級、20㎜厚で二級、15㎜厚で三級とされている。木造建物の外壁を外側から被覆して隣で火災になっても類焼するのを防ぐ、というのが防空建築規則の考え方で、隣の建物あるいは敷地境界線から、距離と高さに応じて、一級、二級、三級と区別される範囲ごとに、被覆も、一級、二級、三級の性能をもつようにしていけば、延焼は防止できることになる。

　なお、ここまでの考察では、出火した家屋の外壁は防火的に補強されていないことを前提としたが、外壁を防火的に補強すれば火災になった時の周囲への延焼危険も低下して例えば二級の性能の被覆を行えば、図2-21の曲線の部分の防火等級は1級ずつ低下し、二級の曲線は三級に読み替えればよいという。防火構造は、欧米の大都市の市街地大火防止の切り札となった木骨組積造と同様に、建物の外周部が火災に耐えるようにして、建物内部への延焼を防ごうというものである。しかし、木骨組積造の外壁は、建物内部が火災で焼失しても自立を保つのに対して、外部火災に耐えることだけを目標とする防火構造の外壁は、建物内部の火災で柱などが崩壊すれば、自立を失ってしまう。したがって、市街地大火のリスクは、この構造では木骨組積造ほどの軽減は期待できない。外壁に必要な補強の程度を建物間の距離との関係で基準化せざるを得なかったのは、このためだろう。

　防空建築規則の対象は新築・増改築だったが、外壁の屋外側被覆なら既存の家屋の改修にも使いやすい。現実に、防空建築規則施行後には大都市の都心などで改修事業が始められ、日米開戦後の1942（昭和17）年には、改修を対

象とする防火改修規則も施行された。

　防空建築規則は、戦後、建築基準法の防火規定に継承されたが、その主な内容の本質は現在も大して変わらない。戦後、防空建築規則の外壁構造の基準は、低層市街地の延焼抑止対策として再定義され、建築基準法に活用された。すなわち、建築基準法では、隣棟距離については三級を継承して「延焼の恐れのある範囲」とし、それより隣棟に近い部分には、二級加熱を原型とするJIS1301防火加熱曲線（2級）に耐える壁が必要として、それを「防火構造」としたのである。こうすると、外壁同士が接し合う場合は、本来、一級加熱を受けるはずなので、二級の性能である防火構造では、延焼を防止できないことになる。しかし、前述のように隣り合う外壁の両方が防火構造になっていれば、図2-21の曲線の等級は1ランクずつ低下するのだったから、接して建つ隣の外壁が受ける加熱条件は一級ではなく二級加熱という解釈になる。つまり、建築基準法では、市街地の建物の全部が防火構造の外壁になった時に延焼防止が完成するように、防火構造の性能を位置づけたのである。

　このように、建築基準法において、市街地として達成すべき条件から個々の建物を規制する規定を集団規定というが、集団規定では一般に、対象市街地の全部の建物が規定を満足した時に、市街地の目標性能が達成されるという考え方をとる。防火構造は、前述のように、本来、木造家屋外壁を屋外から改修すれば実現可能な工法だったが、建築基準法では、準防火地域に指定されても既存家屋の改修までは義務づけなかった。そのため、建築基準法の集団規定による市街地大火対策は、新しく開発される住宅地はともかく、既存の密集市街地では、全体が建て替えられるまでは延焼防止は成就せず、市街地大火のリスクは解決できないことになる。したがって、既存の密集市街地などで市街地大火を克服するためには、少なくとも建築基準法の集団規定だけでは足りず、集団規定を超える防火性能を持つ建物への建て替えの促進や消防体制の強化を図らなければならず、結果として、後述するように市街地大火の危険のある密集市街地を長く遺すことになってしまった。

　ところで、防空建築規則は、防空対策という特殊な基準だったが、防火に関する法基準として、それまで国際的にも例のない優れた特徴をもっていた。それは、火災危険の等級の分類を、火災加熱の条件と加熱を受ける部材側に

図2-22　戦前に防火改修が行われた京町家（京都市中区姉小路地区）
小屋裏界壁の徹底、卯建の設置などが行われた。卯建は京町家には
見られなかったので京都でも独特の景観となっている

分け、その各々を独立に評価できるようにしたことである。つまり、隣の建物が火災になった時、外壁のどの範囲がどう加熱されるかは位置関係だけで等級づけられ、そこにどんな部材・材料を使えば類焼を免れるかは、その等級に対応して分類された部材・材料のリストから選べばよいのである。

　現実に、戦前末期、全国の大都市の中心に近い業務地区などで木造建築の防空改修が行われたが、改修の内容はそれほど画一的だったわけではない。このような防空改修は、ほとんどが戦災で焼失したり、戦後建て替えられたりして、現在、ほとんど見ることはできないが、京都市で防空改修された民家は、今なお、多く現存している。特に京都市で多数の町家が防空改修された中区姉小路通地区では、土壁の強化、うだつの設置、住戸間界壁の徹底が改修の主な内容であった（図2-22）。うだつは、それまで京町家ではほとんど使われなかったため、それ以後、この地区独特の景観要素となっている。

　防空建築規則のように、安全性の基準を、安全を脅かす外力と、その外力を受ける製品の性能に分けて独立して整備する方法は、現在から見れば当た

図2-23　地震でモルタルが剥落した防火構造外壁（1993年北海道南西沖地震、奥尻島）

り前のようだが、それは、高度成長期に建築材料の多様化が進んでからのことである。それ以前は、欧米でも、部位などによって使うことのできる部材や材料を指定するのが関の山であった。防空建築規則が、建築基準法の延焼防止規程に継承され、その後も細部の改正は行われながらもその骨格が今日まで継承されているのは、評価の仕組みの合理性のためであろう。

　一方で、戦前期木造防火研究や防空建築規則の効果については批判もある。その主なものは、防空建築規則が施行された地区でも、戦争末期の空襲では期待された効果を上げられなかったことである。しかし、米軍による日本空襲は、焼夷弾の性能や空襲の方法を、防空建築規則を織り込んで検討したうえで実行されたのであり、それは、むしろ、戦争後期には日米間で軍事力にそれほどの差がついていた中で戦争が続けられていたことの問題である。

　防空建築規則を継承した建築基準法の建物外周部の防火規定の効果についても、防火構造のモルタル被覆が地震で脱落して地震火災の延焼に無防備になってしまう場合が多かったこと（図2-23）や、明確な規定は外壁だけで窓などの規定は曖昧だったことなどが、市街地火災の被害を拡大させた可能性が指摘されてきた。それも、戦前期木造防火研究の問題というよりは、戦後の法整備において、住宅の耐震性や防火規定の内容の改良によって解決されるべき課題だったというべきであろう。

　国際情勢が逼迫していた当時、木造家屋の防空対策として、外壁の防火被

覆を推進するとしても、その基準はもっと単純で画一的なものであっても不思議ではなかった。そこに、なぜ、このように、防火基準としては国際的にも先進的な構成をもち、自由度も高い基準に結実するような取り組みがされたのだろうか。それは、結局のところ、実験やその後の防空建築規則の整備に関わった政策担当者や研究者が何を目指していたかにかかっている。

第一回火災実験以降の木造防火の研究の思想について、実験や防空建築規則の編集のリーダーであった内田祥三や濱田稔は多くを語っていない。しかし、実験結果を分析して、延焼防止のための基準の具体的内容につながる検討を行っていた内田祥文は、防空建築規則の完成後の1943（昭和18）年に、防空や防災の専門家以外の読者を想定した『建築と火災』と題する書籍を上梓している[11]。その主な内容は、第一回火災実験以降の実験からどのように防空建築規則の内容の原型が導かれるかを丹念に説明したものだが、最後の章で、防火と都市計画の関係について、防空対策を超えた考察を述べている。

内田は、東京防火令以来の東京などの都市防災の状況を総括して、戦前期の大都市で顕在化していた防災、衛生、交通などの問題が、長期的な都市計画が不在のまま、「貧しき自由」に放任されてきたことに起因すると指摘している。「貧しき自由」とは、短期的で私的な利益を、将来に禍根を残す可能性に優先させたという意味である。そして、鉄、コンクリートのような高度に防災性能を達成し得る材料の建築とするのが近代都市の理想だと述べながら、当時の6大都市ですら、木造低層建物が密集する市街地となっている状況を鉄筋コンクリート造に転換するだけで2,000万トンの鋼材が必要として、その実現可能性を疑っている。日本国内の粗鋼生産量は1930年代初期で約250万トン、その後、生産量は急速に増加したが1940（昭和15）年でも700万トンに満たない。仮に国内で生産される鋼材を全て建築構造に使ったとしても、6大都市だけで数年はかかる計算で、防空対策として不燃化は現実的ではないことを説明している。内田が数字に訴えてまで議論したのは、当時、防空対策として不燃化の推進の主張が強かったことを窺わせるが、内田の説明を見れば、そもそも、日本の都市全体の建物構造そのものの不燃化は、平時であっても困難と考えざるを得ない。ここで、欧米でなぜ防災都市化に成功したかを見直すと、都市人口が少ない段階でその取り組みを始めて、産業革命の進行と

ともに人口や経済の成長に適した建築技術を産業化できたことが重要であり、日本では地震の存在という背景もあったが、それができていなかった。

　内田らは、市街地全体の不燃化は、日本における建築材料を巡る産業構造や都市計画に関する制度の限界から見て近い将来には達成できないと見て、それとは別の現実的な防災都市の可能性を探っていたのではないだろうか。その内容は、都市全体の不燃化が、仮に日本では達成できないとしても、大規模な市街地大火の発生源となった低層木造市街地で、延焼火災を防ぐことができるようにすれば、市街地大火は克服できる、ということだろう。

　ところで、図2-24は2016（平成28）年12月に新潟県糸魚川市で起こった大規模市街地火災で類焼を免れた民家であるが、建物は1998（平成10）年の建築基準法改正後の準防火地域規制に従って、外壁のほか、軒裏や窓などの防火性能を確保している。この民家が類焼を免れたのは、風上側で全焼した建物との間に距離があったという幸運もあったが、建物左側にあった民家は全焼している。準防火地域の低層木造に関する防火規制は、これまでに述べた類焼防止規定の不徹底な部分を見直して改正されてきたが、戦前期木造防火研究が目指していたのは、この程度の防火性能ではなかっただろうか。防火構造外壁は、1998年建築基準法改正以後、近隣火災により建物内部に延焼しないようにするだけでなく、外壁自体の崩壊も防ぐように再定義されている。内部への延焼を防ぐことができても、外壁が崩壊してしまえば建物内部が露出し、類焼は免れないからである。その副産物として、その建物が火災になった場合でも、外壁は崩壊し難くなり、外部の近隣建物への延焼危険の軽減にも効果が現れるようになったと思われる。図2-25の左側に見えるのは、糸魚川市市街地火災において、市街地の延焼が止まった部分の民家の外壁である。残念ながら、この民家は、その背後で起こった大規模建物の火災で類焼してしまったが、道路側の外壁は残存し、道路を隔てて右側の民家は類焼を免れている。それには消防活動の効果もあったが、同じ道路沿いの別の部分では、やや古い民家が炎上崩壊して向かい側の民家に延焼させているから、この建物の外壁が残ったことが消防活動にも有利に働いたと推定できる。

　『建築と火災』の著者、内田祥文は、一連の火災実験を率いてきた内田祥三の子息である。都市計画的な発想を持つ建築家としても将来を嘱望され、終

図2-24 糸魚川市街地火災で知類焼を免れた防火構造民家

図2-25 糸魚川市街地火災の燃え止まり線の民家
左の建物は、背後の大規模建築の火災で類焼してしまったが、道路側外壁は自立を
保ち、右側民家は類焼を免れている。消火活動の効果もあるが、防火設備（網入りガラス）を
設置した現代の防火構造外壁の火災に対する強さを示している

　戦直後には、戦災復興の方法論としてコンクリートの人工土地を積層する地区計画の提案なども行った。内田の人工土地を都市防災の観点からみれば、日本では、都市の完全な不燃化は不可能と見たうえで、木造の火災や地震に対する脆弱性を克服するためにコンクリートと木造の併存のあり方を探ったということになろう。

内田は終戦翌年の1946（昭和21）年に過労で病没したが、もしも戦後も長く活動を続けることができていれば、戦後の都市防災は、かなり多様な展開を示すことができたのではないだろうか。

2-4　戦後、頻発した大火はどうして克服できたのか

日本は、第二次世界大戦末期の空襲により、全国の市街地の約半分を焼失した。しかし、戦後も大火は多く、1千戸を超える建物を焼失するような市街地大火が毎年、何回も起こっていた。震度7という表現が初めて使われた福井地震（1948）では、地震の後、多数の火災が起こって、福井市と丸岡町で大火を発生していた。戦災復興期の大火の発生頻度は昭和戦前期を上回ったが、その背景には、戦争による地域消防体制の崩壊と、混乱の中で住居を確保するために無計画な開発が進んだという社会状況があった。主権回復の頃には、大火の頻度は低下したが、1千戸前後を焼失する大火は依然として繰り返されていた。強風下で密集市街地で出火して近隣に延焼すると、火災を鎮圧できなくなり、大火になってしまうという構図は、戦前と変わらなかった。

ところで、どんな大火も、最初は家屋一棟の火災から始まるわけだが、何が原因で市街地大火にまで拡大するのか、この時期の大火事例から考察してみよう。

図2-26、図2-27は、1956（昭和31）年に相次いで起こった秋田県大館市の大火と富山県魚津市の大火の延焼動態図である。どちらも焼失建物が1,000棟を大きく超える代表的な大火だが、大火となった経過は大きく異なる。大館大火では、出火直後から鎮火までの6時間余の間、延焼速度が速かったとはいえないが、鎮圧できないまま、大火となってしまった。それに対して、魚津大火では、出火後1時間ほどで火災が市街地に拡がって、鎮圧できなくなっている。図には、火災当時の風速と、火災が延焼範囲の前面（火災前面線）の長さの関係も示したが、一般に、風速が大きいほど、延焼速度が速く、消防活動が困難になる。また、火災前面線が長いということは、延焼を阻止するために消防隊を配置しなければならない範囲が大きいということである。

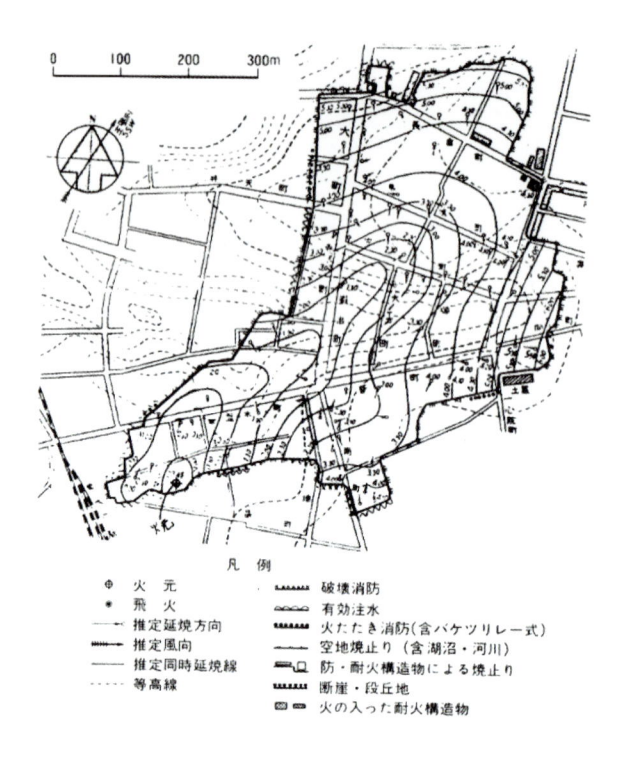

凡 例

⊕	火　元	〜〜〜〜	破壊消防
✳	飛　火	〜〜〜〜	有効注水
─→	推定延焼方向	〜〜〜〜	火たたき消防（含バケツリレー式）
─⊦⊦⊦→	推定風向	───	空地焼止り（含湖沼・河川）
───	推定同時延焼線	▄▄▢	防・耐火構造物による焼止り
‥‥‥	等高線	▄▄▄	断崖・段丘地
		▭▭	火の入った耐火構造物

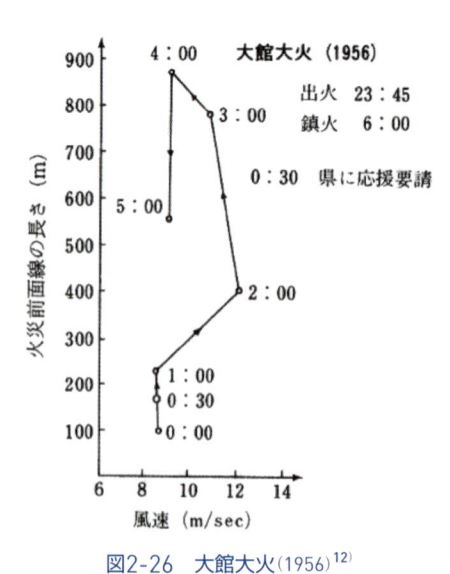

図2-26　大館大火(1956)[12]

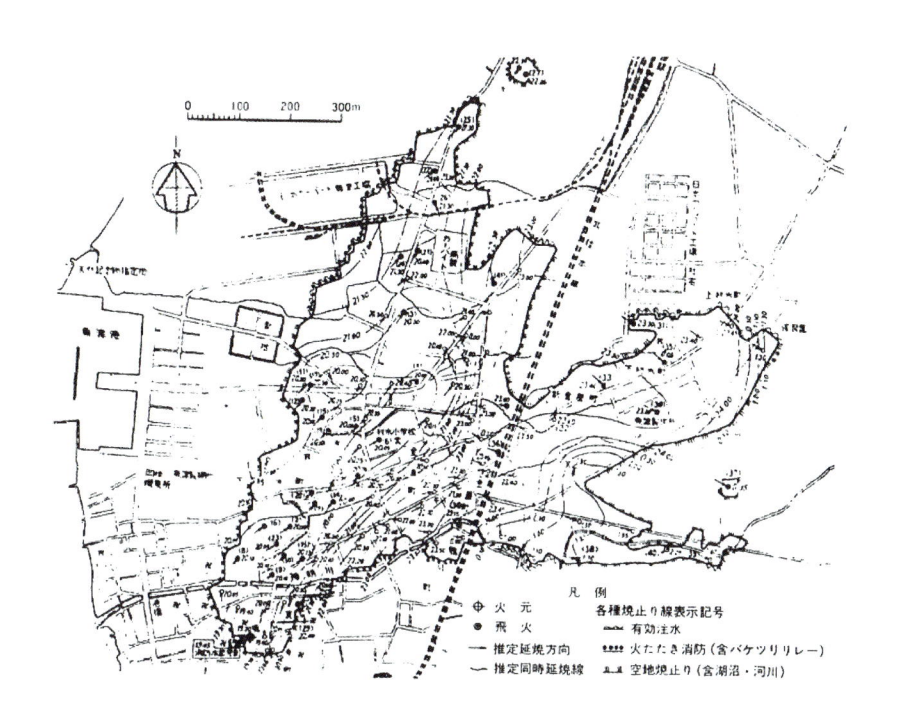

凡例

⊕ 火 元　　　　各種焼止り線表示記号
● 飛 火　　　　━━━ 有効注水
━ 推定延焼方向　┅┅┅ 火たたき消防 (含バケツリレー)
━ 推定同時延焼線　┅┅┅ 空地焼止り (含潮沼・河川)

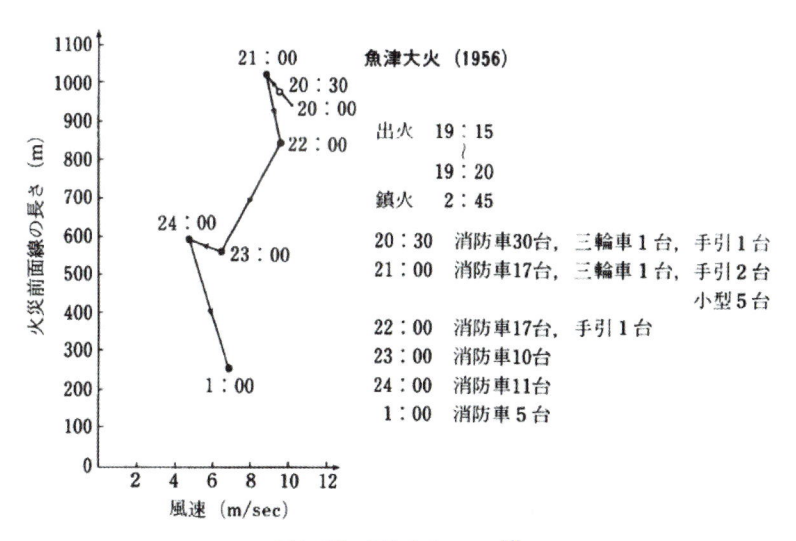

魚津大火 (1956)

出火　19：15
　　　〜
　　　19：20

鎮火　2：45

20：30　消防車30台，三輪車1台，手引1台
21：00　消防車17台，三輪車1台，手引2台
　　　　　　　　　　　　　　　　小型5台
22：00　消防車17台，手引1台
23：00　消防車10台
24：00　消防車11台
　1：00　消防車5台

図2-27　魚津大火(1956)[13]

表2-1 戦後の市街地大火（500棟以上）

年月日	発生場所	焼失棟数	年月日	発生場所	焼失棟数
1946/5/17	福島/北楢岡村	648	1952/4/17	鳥取/鳥取市	5,480
1946/6/8	新潟/村松町	1,337	1954/9/26	北海道/岩内町	3,298
1946/11/23	青森/五所川原町	587	1955/5/3	秋田/大館市	508
1946/12/21	和歌山/新宮市	2,598	1955/5/10	新潟/新潟市	929
1947/4/20	長野/飯田市	4,010	1955/12/3	鹿児島/名瀬市	1,325
1947/4/29	茨城/那珂湊町	1,493	1956/3/20	秋田/能代市	1,046
1947/5/16	北海道/三笠町	1,027	1956/4/17	福島/常葉町	504
1947/10/17	山口/下関市	587	1956/4/23	福井/芦原町	609
1947/12/29	岩手/山田町	520	1956/8/18	秋田/大館市	1,369
1948/3/4	高知/大正町	537	1956/9/10	富山/魚津市	1,561
1948/6/28	福井県/福井市	2,409	1958/12/27	鹿児島/瀬戸内町	1,906
1948/6/28	福井県/丸岡町	1,360	1961/5/29	青森/八戸市	717
1949/2/16	山梨/小立村	700	1961/5/29	岩手/新里村	1,142
1949/2/20	秋田/能代市	2,238	1961/10/2	鹿児島/鹿児島市	746
1949/3/13	北海道/様似町	533	1961/10/23	北海道/森町	517
1949/5/10	北海道/古平町	721	1962/9/26	長崎/福江市	643
1950/4/13	静岡/熱海市	979	1965/1/11	東京/大島元町	524
1950/5/13	長野/上松町	678	1976/10/29	山形/酒田市	1,774
1950/6/1	秋田/鷹巣町	699	1995/1/17	阪神淡路大震災	
1951/12/16	三重/松阪市	1,155	2011/3/11	東日本大震災	

大火には、強風下で発生するものと地震火災（黄色で示す）とがある。酒田大火まで、地震大火は福井地震のみだった（地震火災自体は、新潟地震などでも起こっている）。地震大火では犠牲者を多数出している。強風大火中、岩内、魚津（オレンジ）では多数の住民が犠牲となった

大館大火は、フェーン現象の強風のもとで旅館から出火したが、火災前面線が長くない段階から消防活動に困難を来している。その原因は、消防水利を確保できなかったことと見られている。それに対して魚津大火では、初期の1時間余の間に火災前面線長さ1kmを超えてしまっており、どのような消防体制を以てしても鎮圧困難になってしまったことが窺われる。大館では、その前年にも市街地大火が起こったが、戦後、大館市中心部が過密化していながら、消防水利という消防インフラが脆弱なままだったことが市街地大火の重要な要因だったといえる。これら2件の大火は、消防体制の脆弱性と防火的に防護されていない木造家屋の過密が、戦後、戦災復興期から経済成長期に移りつつあった時期の市街地大火の重要な要因であることを如実に示していた。

　戦後の市街地大火の発生状況の経過を追ってみると（表2-1）、大館や魚津で大火のあった1956年を境として、大火の頻度は明らかに低下し、1965（昭和40）年の伊豆大島大火の後は、1976（昭和51）年の酒田大火まで、大火といわれるような市街地火災は起こらなくなる。

　この間、1948（昭和23）年には、戦後の地方自治の推進のもとで市町村消防制度が開始され、1950（昭和25）年には建築基準法が公布されて、市街地の建築物のあり方から消防体制まで、都市防災を巡る社会的枠組は大きく変化した。建築防災については、戦前期の市街地建築物法は、大都市のみを対象としたのに対して、建築基準法は全国を対象としている。また、公設の消防体制は、明治時代にはほぼ東京のみ、その後、大正時代末期以後は、市街地建築物法の対象となるような大都市に拡大されていったが、戦前は、大都市にしか公設消防は設置されていなかった。それが、市町村消防制度とそれに伴う消防組織法により、消防本部をどの自治体でも設置するように方向転換された。全体として、都市防災政策は、都市計画、建築物の防災性能、消防体制とも、戦前は、大都市しか考えていなかったのに対して、戦後は、対象が全国の自治体に広がったということができる。関東大震災の後、戦後に至るまで、市街地大火が起こっていた市町村のほとんどは、戦前期にはこうした都市防災政策の枠組から外れていた。その意味では、戦後の都市防災対策の政策的枠組の転換は、全国の市街地大火を防止していくうえで極めて重要な

出来事だったといえよう。

　しかし、1960年代に市街地大火がいったん終息したのは、単純にこれらの制度改革の成果といえるだろうか。それまで、明治維新からの一世紀近く、様々な取り組みをしても、大火の発生を長期にわたって防ぐことはできていなかった。そもそも、建築や都市については、法や制度が改革されても、直ちに現場の状況が大きく変わるわけではない。

　例えば、建築法令を改正して、新築の建物の防災性能が改善されても、以前から建っている建物が無くなるわけではない。だから、昔から沢山の建物が建っている市街地では、建築法令が改正されても、改正後の建物の割合が相当、大きくならないと、その効果は顕在化しないものである。制度の即効性という点では、消防体制や消防設備の設置の義務化の方が期待をもてそうである。しかし、消防体制の改革は、1948年の自治消防体制の確立からで、建築基準法の導入よりも前だった。だから、自治消防体制の確立だけで、その10年以上後に実現し始める大火の減少に直接影響したとはいえないだろう。

　1950年代末からの大火の急激な減少に大きな影響を与えたのは、建築の防火対策の中では、1950年代後半に急速に進んだ住宅の屋根の不燃化であろう。消防政策の方は、1948年に常備消防化が方向付けられた後、1950年代中頃には、常備消防を前提に初めて可能となる消防機材の高度化とその普及が進み始めて、常備消防とそれ以前の消防団体制の間の火災鎮圧能力の差が明確になってきた。具体的には、次のようなことである。

　1950年代の住宅の屋根の不燃化とは、主に、それまでは木板などで葺いていた屋根の亜鉛鉄板葺きへの転換のことである。

　鉄板葺き屋根は、明治時代から洋風建築に使われていたが、関東大地震の際、鉄板葺き屋根の建物は屋根が軽いため、倒壊が少なかったことから、それ以降、多用され始めてはいた。しかし、戦前は、大都市の市街地を除けば、庶民住宅の屋根は板葺きが普通だった。農家ならば、草葺きも多かった。板や樹皮、草などで葺いた植物性屋根は、火の粉で類焼しやすく、強風下で大規模な木造建築が炎上して大量の火の粉を発生させると、風下一帯の屋根に引火させてしまう。市街地大火には、市街地を燃え広がる速さが1時間に数百メートルというような例が少なくなかったが、延焼がそれほど速いと、どん

な消防戦略を立てても歯が立たなくなってしまう。

　市街地での延焼速度を決める要因は様々だが、このように急速な延焼は、飛び火でなければ起こり得なかった。ここで、木造家屋が炎上して放射熱などで近隣家屋に延焼する（図2-18）機構を考えると、家屋で火災が始まって炎上し、隣接家屋にほぼ10分で延焼させる過程が連鎖して大火になるということだが、そうすると、1時間に延焼するのは約6棟で、仮に1家屋の敷地長さが10メートル前後としても、延焼速度は1時間に100メートルに及ばない。戦後の大火は強風下で起こった例が多いが強風下では、飛び火による延焼を抑止できるようになるだけで、延焼速度は著しく低下することになる。

　1950年代後半に鉄板葺き屋根が急速に普及したのは、1953（昭和28）年に、長い亜鉛鉄板を巻いてコイル状にした亜鉛鉄板コイルが大量生産されるようになったためである。これにより、継ぎ目のない長い鉄板が塗装された状態で屋根葺き材として供給されるようになり、鉄板葺き屋根の現場作業が大幅に簡略化された。それによって、メンテナンスも容易になっただけでなく、材料・工事ともコストが低下した。

　もともと木板葺き屋根は腐朽しやすいため、維持には多大な労力が必要であった。亜鉛鉄板屋根は、屋根の不燃化が要求されていた地域を越えて全国に普及したが、それは、維持が困難な木板屋根に対して鉄板屋根が魅力的だったということだろう。戦後の市街地大火には、市街地大火防止に関する集団規定が適用されていない地域で起こった例も多かったが、それを含めて全国の密集市街地から植物性屋根が急激に減少したことで、少なくとも、火の粉による延焼危険は著しく緩和され、消防活動を開始した初期の段階で戦略も立てられないほどに急激な市街地延焼は起こり難くなったわけである。

　亜鉛鉄板屋根への転換は、防火性能の向上と経済性や利便性の改良を兼ねた一石二鳥の方策だった。しかし、これほど上手いやり方が、なぜ、大火に苦しんでいた戦前期に実現しなかったのか。亜鉛鉄板屋根の普及は、一面では製鉄業が建築、中でも住宅などの小規模建築を、この時期になって初めて重要な市場と見るようになったことを象徴している。

　建築基準法の制定当時、鋼材の法的な位置づけは、今からは想像できないほど不明確で、耐火建築物とするにも建物ごとに認定が必要だった。朝鮮戦

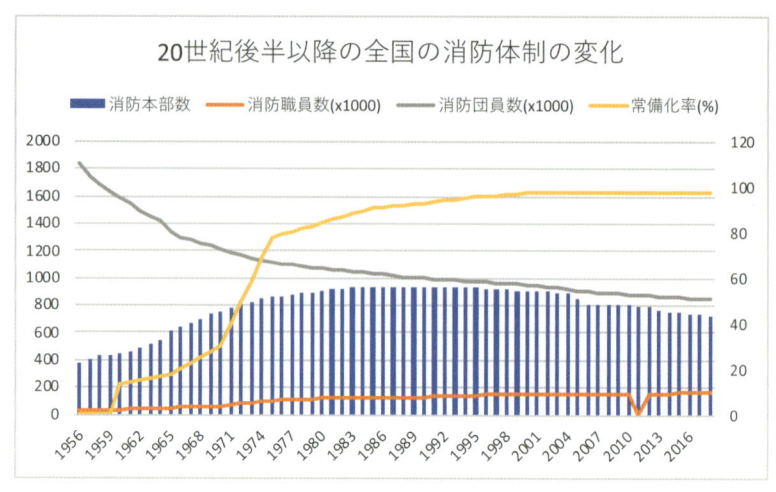

図2-28　戦後の消防体制の変化

争休戦（1953年）前後から、製鉄産業は、鋼材が広範囲の建築に使われるよう建築基準法の中に位置付けるべく、耐火構造の一般基準の整備をはじめ、不燃構造を主要構造部とするロ号簡易耐火建築物（その後、法改正によりロ1準耐火建築物）の法令化などに取り組んでいた。製鉄業が、戦後そのような取り組みをするようになったのは、翻ってみれば、戦前、製鉄業は、建築を主要なマーケットと見ていなかったということである。戦前は、艦船・兵器から鉄道・土木構造物と、富国強兵策を支えていた製鉄業が、戦後の平和憲法のもとで、漸く、幅広く生活基盤を支える国民的な産業となったわけである。欧米では、幹線鉄道の整備の後、鋼材生産が余剰傾向になって比較的早く、建築が鋼材の市場となったのに比べると、一世紀の遅れがあったことになる。

　一方、消防体制は、戦後も、大都市を除けば消防団で運営されている地域がほとんどだった。消防団は、専門的で高度な訓練を受けた常駐の消防職員ではない。1948年に自治体による消防体制が全国で始められた時には、全国の消防本部数は約200、専任の消防職員数は15,000人で、消防職員の人口比率は現在の1割にも満たなかった（図2-28）。その後、消防本部を設置して専任の消防職員を置く自治体が増え、1960（昭和35）年には、消防本部数は400を超え、消防職員数は約40,000人となった。専任の消防職員による消防本部を設

ける消防体制を常備消防というが、常備消防の拡大とともに消防車両などの消防機材の整備も可能になった。消防体制の常備化は1960年代後期から急速に進んで1970年代には全国の大半の自治体が常備防災体制となった。市街地大火を克服できたのは消防体制の常備化のため、といわれることが多いが、市街地大火が減少したのは消防の常備化率の急増に先立っている。消防体制の変化の中で、市街地大火の減少に直接、成果をあげたのは、常備化の初期段階で、消防機材の充実も伴って、火災通報に確実に対応して大規模建築の火災でも鎮圧する基盤が築かれたことであろう。

市街地大火は、1950年代後半には明らかに減少し始め、高度成長期のまっただ中の1965 (昭和40) 年に起こった伊豆大島大火を最後に、いったん起こらなくなった。この減少の経過を詳しくみると、極端に焼失戸数の多い大火は、まず、庁舎・市場・学校など、大規模な木造施設で炎上火災となったのをきっかけとして市街地に延焼した場合にほぼ絞られるようになった。次いでそれも減少して、大火は近くに市街地のない孤立市街地や離島に絞られていった。それは常備消防の規模が小さいうえ、火災が大規模化した時の近隣消防本部などからの消防活動の応援態勢の構築が困難なためであった。

大規模な木造建築が炎上するような状況は、前に述べたように、戦前期の木造防火研究に基づく建築基準法の市街地火災防止の規定の想定も超え、その消火は常備消防でも容易ではない。大規模な木造施設火災を契機とする市街地大火がなかなか解決できなかったのは、周辺市街地の民家の屋根の不燃化が進んでもなお、大規模な木造施設が炎上するような火災になると、市街地に火災が拡がるのを防ぐのは難しかったということであろう。1960年代には、戦後初期まで木造で建て続けられていた庁舎・学校などの耐火構造による建て替えが推進され、市街地火災において、常備化が進む消防力の手に余るような火災が発生する要因はさらに減少した。

戦後の日本で続いた大火の克服のための政策は、戦前期木造防火研究が目指していた木造防災都市のイメージを、市街地の既存建築物の更新や防火改修がそれほど円滑には進まない状況に合わせて修正したものといってよい。

戦前期木造防火研究の考え方は、大火を発生させやすい木造低層市街地について、建物の外周部を外から護って類焼し難くすることで、市街地大火が

起こらないようにするというものであった。その考え方を継承した建築基準法では、制度としての適用条件をより明確にするために、まず、大規模な施設や中高層建築は耐火構造に任せて、木造は小規模・低層の建物だけを対象として建物間の延焼防止の条件を示し、市街地の建物がそれを満足するようになった暁には、大火が起こらなくなる、という考え方にした。ところが、建物の更新には時間がかかるため、密集市街地からは、建築基準法には適合しない大規模木造建築や防火的に特に脆弱な木造家屋などはいつまでたっても無くならない。建物外周部の規制にも、3-2節で述べるようにいくつか大きな弱点があった。

　戦後の市街地大火の抑制政策は、こうした市街地に密集する木造家屋の屋根が亜鉛鉄板屋根の普及によって不燃化され、消防活動を無意味にするような急激な延焼が起こり難くなったことを踏まえて、どんな時に火災が起こっても消防活動を行えるように常備消防を強化したことによって効果をあげたのである。

　ただし、消防の常備化が進む一方、それ以前に地域防災を現場で支えていた消防団は実質的に解体が進んだ。1950年代には全国で200万人に近かった消防団員数は、消防の常備化率が90%を超えた1980（昭和55）年には40%も低下していた（図2-28）。その間、人口は増加し、核家族化もあって世帯数は急激に増加していたから、消防団員数は、一世帯当たりでは1950年代の1/3近くになってしまった。消防の常備化の最大の効果は、火災がある程度、大規模になっても鎮圧できる可能性を高めたことであったが、火災初期に火災を鎮圧するためには、出火した場所の近くに、一定の消防能力のある人と消防機材が確保されていた方が効果的である。消防の常備化の推進によって、平時の大規模火災への確実な対処が可能になった反面、火災の初期段階での鎮圧の必要が大きい条件、例えば、大地震などで常備消防の出動が困難になる場合や、常備消防の周辺からの応援を受け難い孤立市街地などでは、地域防災の維持に不安を増す経過となった。

参考文献・引用文献

1) 山口県立萩美術館・浦上記念館
2) Milne,J., Burton,W.K., Ogawa,K.,The Great Earthquake in Japan, 1891
3) 小川一真写真部：東京風景，1911
4) NPO災害情報センター所蔵資料
5) デジタル映像「関東大震災実況」長谷見研究室所蔵
6) 大林組70年略史，1961
7) 都市防空に関する調査委員会：木造平屋建家屋の火事温度，建築雑誌，1937年8月
8) 内務省防空局：国民防空読本，1939
9) 濱田稔：防火試験の結果と防空建築規則（特に家屋外周の防火工法に就て），建築雑誌，1942年7月
10) 日本工業規格JIS A 1301　建築物の木造部分の防火試験方法（1994年版を最後に廃止）
11) 内田祥文：建築と火災，相模書房，1943，1953（増補版）
12) 今津博：大館市の大火について，火災，第6巻第4号，1956, p25 第1図。グラフは長谷見雄二，火事場のサイエンス，井上書院，1988
13) 亀井幸次郎：魚津市耐火実態調査報告，火災，第6巻，第4号，1956，p40 第5図。グラフは長谷見前掲書

3章

木造建築はどうすれば
火事に強くできるのか

3-1 構造全体が木造でも火事に強くできる
──戦後初の木造住宅火災実験

　1976 (昭和51) 年7月、東京理科大学野田キャンパスの当時、未整備の敷地で、2棟の住宅の火災実験が行われた (図3-1、図3-2)。試験体となった建物は枠組壁工法により、火災実験のために設計・施工されたものだった。枠組壁工法は、日本では、今日、ツーバイフォー工法という通称で広く知られている。日本では、戦前期をはじめ、それまでも住宅の火災実験が行われたことはあったが、その多くは、解体予定の家屋を利用したものであり、実験のために建てられた木造の試験体建物で火災実験が行われたのは、戦後では初めてであった。実際の建物を使った火災実験でも、既存の建物を使うのと、実験のために設計した試験体建物で実験を行うのとでは、できることに雲泥の差がある。実験のために試験体建物を建てるのなら、明らかにしたい論点に対する答えが明確になるように建物の条件をコントロールすることができるし、実験で直ちには理解し難い結果になっても、建物の全部の条件が把握できているので、その分析が容易になるからである。戦前、東大が行った一連の実験では、試験体建物を用意したとはいっても基本的に既存建物を曳家したり、既存建物の部材を再使用していた。

　建物をわざわざ建てて行った実験の目的は、その2年前に建築基準法に基準が告示されていた枠組壁工法の火災性状を検証することだった。

　枠組壁工法は今日では広く普及しているが、もともと北米の木造建築技術で、基準寸法の木材で長方形の枠を組み立てて、合板や無機材料などの板で覆って作ったパネルを床や壁にして建築物にするという工法である。アメリカで、19世紀後半に木材市場の大規模化を背景に木材の安定供給が必要となった時に、その原型とされるバルーン工法が開発されていた。バルーン工法は、日本には明治時代にアメリカ型の大規模農場の取り組みがされていた北海道に導入され、その後も、バルーン工法や枠組壁工法の建物が散発的に建てられていた。現在の北海道大学農学部第2農場 (1877) や札幌市時計台 (1878) をはじめ、大正期に来日したライトが設計した自由学園明日館 (1921) など、戦前期に来日したアメリカ人建築家・建築技術者が設計した木造建築には、バルーン工法から枠組壁工法に転換していく過程にあった工法を日本

図3-1　枠組壁工法住宅火災実験(1976)　　　図3-2　枠組壁工法住宅火災実験
点火約1時間後の様子

の伝統的な木造と折衷したものが多かった。

　日本で、枠組壁工法が、こうした散発的な活用から一般的な住宅に使われるようになったきっかけは、1971（昭和46）年8月に米ドルの金との兌換の停止を発表したいわゆるドルショック以来、米ドルの為替レートが低下して、日本でアメリカから木材の輸入の増大が見込まれるようになったことである。しかし、パネルを組み立てて建築にする枠組壁工法は、それまで、日本で普通に建てられていた柱、梁で軸組を建てて建築にしていく日本の木造とは大きく異なっている。そのため、日本で枠組壁工法で建物を建てる時には、長い間、物件ごとに大臣認定を受ける必要があった。それを一般に普及するためには、日本の建築事情に適した基準づくりを始め、耐震・防火基準などの整備、このような工法を知らない工務店への施工方法の普及など、多くの課題があった。わざわざ建物を建てて火災実験を行うことになったのは、木造建築の防火基準の基盤として戦前期に把握されていた軸組木造の家屋と、火災性状がどう違うかの議論に決着をつけるためだった。

　試験体建物は総2階建てで大小2棟、建てて、その各々で、火災が建物全体に拡がって、衰えるまで実験が行われた。小さい方の建物は、当時の公営住宅を模した延べ床面積40㎡のもので、それ以前に、同じ平面の建物を乾式不燃構造やプレハブで作って火災実験が行われていた。他方は、一般的な戸建て住宅を想定した延べ床面積80㎡、4LDKの建物で、それまで、これほどの規模の住宅を試験体として火災実験が行われたことはなかった。

　試験体建物が大きかった第一の理由は、準防火地域の集団規定の元となっ

た戦前期木造防火研究では、試験体家屋の規模がまちまちなため、家屋規模をいったん延床面積100㎡前後にそろえてデータの分析を行っており、それに近い規模の実験の実施が、懸案だったことである。建物の燃焼性状に対する構法の違いの影響も、建物が大きい方が顕在化しやすいと考えられた。

　試験体建物が大きかった第二の理由は、当時、住宅政策の課題が、戦後の住宅不足を克服する数の問題から質の問題に転換しつつあったことである。火災実験が企画された1975（昭和50）年には、日本の住宅総数は、どの都道府県でもすでに世帯数を超えており、戦後の決定的な住宅不足は、少なくとも数の上では克服されていた。しかし、それでも、全国の世帯数のうち最低居住水準に達しないものが三分の一、浴室がないなど、設備面で水準の低い世帯は7割を超えていた。そのため、住宅市場の関心も、規模の大きい住宅に向かっていくと予想されていた。新しい工法である枠組壁工法は、こうして生じてくる新しい住宅市場に的を絞っていく必要もあったのである。

　工法が違えば火災性状も違ってきそうだが、住宅の規模が大きくなるだけでも、火災安全上の問題の性格が変わっていく。それは、日本の戦後の市街地大火に、木造の学校校舎や庁舎、映画館、旅館など、規模の大きい木造建築が炎上してその消火ができなかった場合が多かったことに典型的に現れていた。火災で炎上した時に周囲に延焼させる危険は、一般に建物が大きいほど大きくなり、そのため、建築基準法では、準防火地域の木造建築に規模制限を課していた。また、住宅では、個室化への願望が高まっていたから、規模が大きくなっていけば、個室化も進んで、出火しても気づくのが遅れる可能性が予想されていた。加えて、枠組壁工法では、壁や床をパネルにして組み立てるという工法上、柱・梁で壁を囲む在来型の木造建築の欄間のように室の間の隙間となる要素が少なく、室ごとの気密化が進むと考えられた。しかし、それが火災安全性に及ぼし得る影響にはプラスとマイナスの両面があり、全体としてどう働くかは、当時は予想が難しかった。

　実は、この実験は、筆者が初めてスタッフとして関わった実大規模の火災実験であった。筆者は、その前年に、大学院を修了して当時の建設省建築研究所（現、国立研究開発法人・建築研究所）に採用されて防火研究室研究員となっていた。特に木造の防火対策に関わっていたわけではなかったが、実験は、建

築研究所が企画運営するプロジェクトが母体となって行われていたため、その測定や実験当日の安全計画・見学対応に狩り出されていたのである。初めて関わる大規模実験だったこともあり、後々まで記憶に残ることは多かった。

　例えば、温度などの測定センサをどう配置し、見学場所をどの位置にすれば安全かは、実験がどう推移するかにかかっている。火災の拡大の経過を温度などで把握しようとするとき、戦前期の実験のように建物全体が短時間に炎上し始めるのなら、測定センサの配置にそれほど注意を払う必要はない。しかし、火災が特定のルートを辿って拡がったり、建物内に顕著な温度分布が生じる状態が続くようだと、センサの配置を緻密に検討しなければ、測定結果から延焼危険の要因を正しく把握することができなくなってしまう。当時、温度などの測定データのデジタル化や多数の測定点の同時測定が技術的に可能になっていたが、同時に測定できる測定点数は限られていたから、いたずらに測定点数を増やすわけにもいかなかった。

　火災がどう推移するかについては、実験の企画段階で、色々な意見が交わされていたが、その予想には、実験の当事者の間でも随分、開きがあった。

　木造家屋の火災実験としては、1938（昭和13）年に行われた東大第3回火災実験以来38年ぶりの規模・内容であり、それは、無理もないことだった。戦前の実験に関わった経験者も当時は健在で、実験の時の経験をお聞きすると、ほぼ共通して、試験体建物が炎上した時には、熱くて近くでは観察ができなくなり、遠く離れざるを得なかったとのことだった。それは、戦後の大火の調査から推定された木造建物の火災時の周囲への放射熱などの状況とも矛盾しなかった。しかも、枠組壁工法では、当時の一般的な在来軸組木造よりも、建築面積あたりでは多量の木材を使用していた。木造住宅では、もともと、家具などとして使われる可燃物よりも建物の部材として使われる木材の方が多くなる傾向があり、それが、木造の火災に対する基本的な脆弱性の根源的な原因だと考えられることが多かった。枠組壁工法では、使用する木材がさらに増えるというのだから、住宅の防火対策に関わってきた人の間では、計画中の火災実験も激しい燃え方になるだろうという意見が多かった。

　一方で、この実験では、そうはならないという意見もあった。指摘していたのは、主に戦後、防火研究を始めた世代の研究者である。試験体建物は2棟

とも、木造といっても荷重を支える木材は不燃材料で護られており、実験計画中に耐火炉を使って行った壁の加熱実験では、戦前期木造防火研究の成果である防火加熱曲線で加熱しても、被覆が破れたり、その裏面の温度が木材の着火温度達することはなかった。したがって、荷重を実質的に支えている木造の間柱が座屈したりしなければ、建物内部の可燃物が燃え尽きるまで、建物に使われている木材の多くが燃え出すようなことはない、というのである。とはいえ、部材の集まりである建築物が、火災時にどんな挙動を示すかは、壁などの部材単体の性能だけでは予測しきれないものもある。火災加熱を受けた部材が変形すれば、それは周囲の部材にも影響するからで、それは、膨張率の大きい鋼材で構成される鉄骨造では経験済みであった。そもそも、個々の部材で実験すれば建物全体の挙動も予測できるのなら、このように実物の建物を建てて実験する必要もないはずだった。

　実験でどのような燃え方になるかを事前に検討していたのは、安全計画と温度などの測定センサの配置計画のためだったが、試験体建物周辺の温度分布などのセンサは、実験では急激に炎上することはないとの予想に基づき、それを前提に火災拡大経路になる可能性が予想された部位中心に配置することにした。そうすれば、仮に、建物が炎上しても、的を外した測定にはならないはずであった。測定班、特に建物内部の状況を観察する観察班は、火災実験のベテランで状況の判断ができる専門家が担当のうえ、危険が予想された場合は直ちに離れさせる用意をして、建物に接近して行うようにした。一方で、見学者は多数が予想されており、危険になっても待避の誘導は困難と予想されたため、見学場所は試験体建物から離して、建物が崩壊炎上しても、その影響が及ばないように計画した。実験当日、観察班の先頭に立っていたのは、実験による検証事業の責任者だった川越邦雄・東京理科大学教授だった。戦後、建築研究所で長く防火研究に当たられて、火災実験の経験も豊富な川越先生は、この実験は、戦前の木造家屋の実験のようにはならないという意見の急先鋒だったが、その意見によほど自信を持っていたのだろう。

　実験は、果たして、川越先生の予想通りになった。戦前期の火災実験では、燃焼が点火した室全体に拡がると他の室にも直ちに拡がって、点火から10分前後で炎上し、建物が崩壊し始めた。しかし、この実験では、そのようなこ

とは起こらず、扉が開いていれば煙や火炎が拡がったが、扉が閉まっているだけでも煙の拡大の抑制には効果がみられた。さらに、火災が建物全部の居室に拡がっても、建物全体は崩壊しなかった。そのため、火炎が外壁に設けられた窓から噴出するだけの状態が40分余り続いて、やがて屋根が崩れ始めると、屋根を覆う鋼板の隙間から火炎や煙が漏れ出てきた。一方、公営住宅型の実験の経過は、以前、同じ平面の不燃構造の建物で行われた実験と大同小異であった。

建物周囲に延焼させる最も重要な要因は、火炎からの放射熱などの加熱と飛び火である。戦前の火災実験で、木造家屋の火災の問題として明らかになったのは、建物全体が炎上して巨大な火炎が、短時間ではあるが形成され、大量の飛び火も飛散させることであった。しかし、この実験では、出火建物からの火炎は、相当の間、窓からの噴出火炎だけだった。つまり、外から見る限り、火災性状は、鉄筋コンクリート造のような耐火構造の建物で火事になった場合と基本的に変わらなかった（図3-2）。この実験の建物において、周囲への延焼危険が耐火構造の建物と違うのは、屋根が脱落した後に屋根から飛び火を飛散させたり、やがては外壁が崩壊すると予想されること程度ということになる。

この実験は、木造住宅の火災性状に関する大方の予想をいい方に裏切る経過となり、戸建て住宅取得の際の低利の融資を提供していた住宅金融公庫（現、住宅金融支援機構）は、公営住宅型実験の結果が不燃構造並みだったことを踏まえて、翌年、パネルを不燃被覆した枠組壁工法を、融資条件が有利な「不燃構造」に分類した。実験は直ちに木造の防火性能の公的評価に一定の影響を与えたといってよいが、その後、1980年代に「火事に強い木造建築づくり」に向けた取り組みが本格化した時に、研究開発の強力な指導指針となったのは、次の3点である。

(1) 点火後、一時間近く外壁が自立を保った。これは、戦前期の木造家屋の火災実験と全く違っており、少なくとも、試験体建物が崩壊し始めるまでの周囲への延焼危険は、鉄筋コンクリートの建物の火災と大同小異といわざるを得なかった。

(2) 木造建築の燃焼性状の激しさを決めるのは木材の量そのものではなく、エ

法や設計で制御可能であることがわかった。燃焼性状を緩慢にできれば、全体として燃焼する木材の量が多くても、周囲への延焼危険を緩和することができる。

(3) 木造でも、相当な時間、建物内部の火災拡大経路を居室の出入口や階段などに限定できる。それを確実にできれば、出入口の扉に延焼や漏煙を防いだり遅らせたりできる扉を設けることにより、安全な避難経路を確保できることになり、建物の炎上崩壊の速さが木造の大規模建築への活用を阻んでいた原因の一角を解決できるようになる。

これら3点が重要であることは、実験直後に直ちに認識されたとはいえない。実験よりかなり時間が経って、「火事に強い木造」は具体的にどのようなものかが考えられ始めた時にこの実験が見直されて、改めて重要性が認められたといった方が正しいだろう。

実験当時、筆者は木造建築の防火対策そのものに関わっていたわけではなく、特に関心があったわけでもなかった。当時は、大阪千日デパート火災（1972）や熊本大洋デパート火災（1973）と、100人を超える犠牲者を出す火災がたて続けに起こった直後で、深刻なビル火災の脅威は解決できていなかった。一方で、当時、東京・大久保にあった建築研究所の研究室からは、超高層ビルが建ち並びつつある新宿副都心が遠望され、高層建築の防災対策に基本的な課題を残している中で、日本では例外的にしか経験していない超高層建築までの火災安全をどう確立していくか、が研究所の防火部門の中心的な課題となっていた。

住宅や木造建築の防火性能については、当時、枠組壁工法と同様にパネルで建物を構成する一部のプレハブ工法でも、枠組壁工法とほぼ並行して不燃材料によるパネル被覆の効果の検証が始められていた。しかし、市場の大半を占めていた在来型の軸組木造をはじめ、その他の工法では、建築基準法で規模や階数が制限された範囲で、専ら経験主義的に技術開発が行われて自足しているように筆者には見えた。その内容には、もともと曖昧さを残していた建物各部の要求防火性能の法規制の網の目をどう解釈するかというような議論も多くて、業界的な経験を重ねなければ理解し難いものがあった。

そして、この実験がそれまでの木造建築火災や防火対策の常識を覆すよう

な結果になった時、枠組壁工法と同様な検討を行っていたプレハブ工法はともかく、それまで長い間、木造建築を担ってきた住宅産業や木造業界が、木造の可能性を追求する取り組みを始めたとはいい難い。産業界で防火に関する研究開発の取り組みがされるのは、市場を拡大しようとする時か、社会的責任の必要が認められる時である。当時の住宅産業や木造業界の過半は、そのどちらにも大して必要を感じなかったということだろう。

　確かに、この実験が企画される直前まで日本では、住宅の絶対的不足が続いていたばかりか、核家族化が進んで戦後のベビーブーマーの二世の世代が家庭を持つ時代に入っていた。住宅の数量的不足が解決されても、住宅市場の将来はその世代のライフスタイルと世帯収入に見合ったものをどう供給していくかが課題とされた程度で、見通しは楽観視されていたといってよい。戦後の木造建築の防火上の最大の問題は、それまで、市街地大火の頻発と考えられ、それについては、防火構造の建物でも課題を残していたが、この実験が企画され遂行された頃には、大規模な市街地火災は、1965（昭和40）年の伊豆大島の大火を最後に起こらなくなっていた。

　枠組壁工法は、建築基準法の一般規定では扱えない工法だったために、建物を建ててまで火災実験が行われたのであり、当時、市場の大半を占めていた在来の軸組木造には無縁のことと思われたのだろう。

　しかし、この実験の経過が、木造建築業界や住宅産業を含む当時の木造防火の実務家の常識のようにはならず、部材の実験から予想されたようになったことは、筆者には新鮮な驚きだった。そして、この実験が行われた年の10月29日、克服されていたはずの市街地大火が山形県酒田市で起こった（図3-3）。風下の川でようやく燃え止まったが、焼損棟数1,774棟、焼損建物面積15万2千㎡、焼損区域面積22万5千㎡と、どの指標で見ても戦後有数の規模の焼損となり、大火を克服したと思い込んでいた自信を覆すような出来事であった。

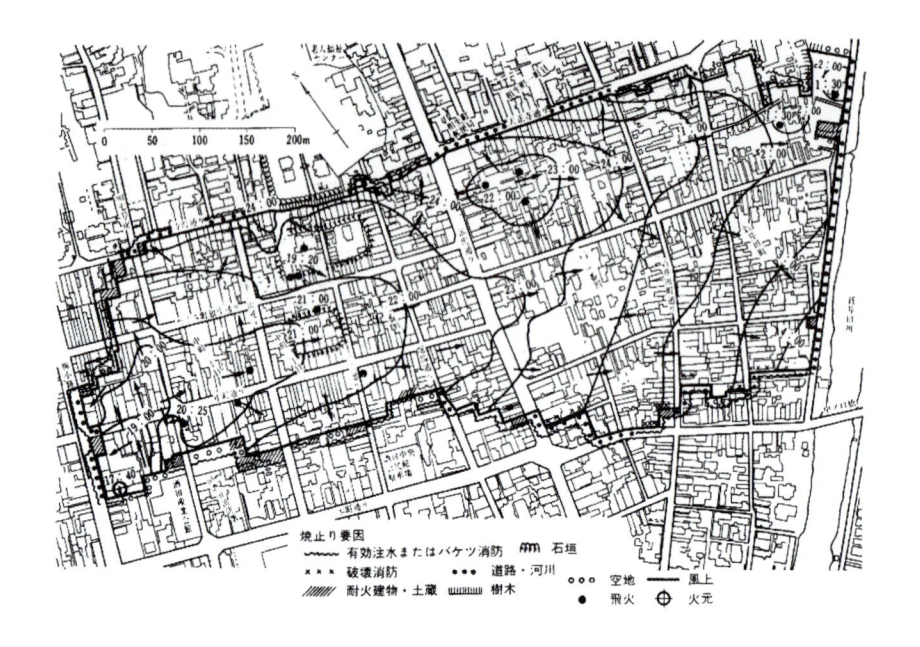

焼止り要因
　有効注水またはバケツ消防　𝄚 石垣
✕✕✕ 破壊消防　　　　　　　　道路・河川
▨▨ 耐火建物・土蔵　▥▥ 樹木　　○○○ 空地　　── 風上
　　　　　　　　　　　　　　　　● 飛火　⊕ 火元

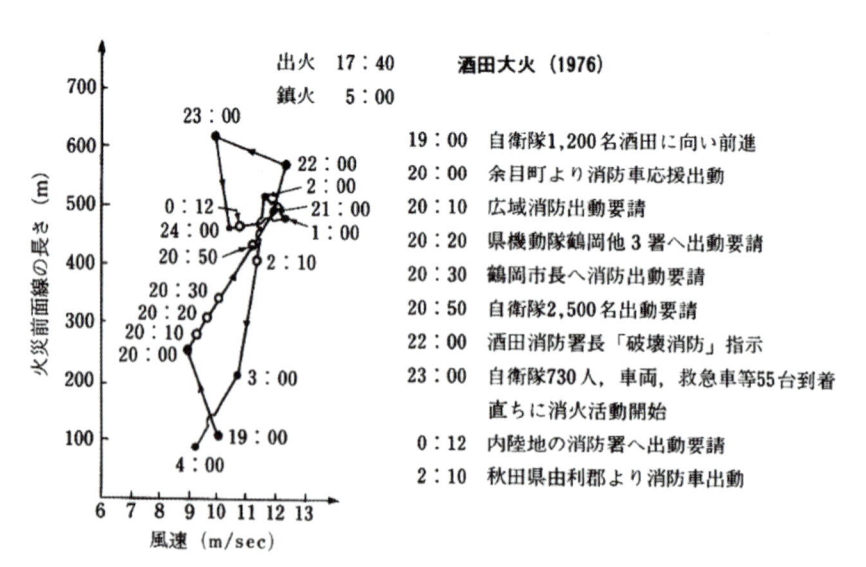

出火　17：40　　　酒田大火（1976）
鎮火　5：00

19：00	自衛隊1,200名酒田に向い前進
20：00	余目町より消防車応援出動
20：10	広域消防出動要請
20：20	県機動隊鶴岡他3署へ出動要請
20：30	鶴岡市長へ消防出動要請
20：50	自衛隊2,500名出動要請
22：00	酒田消防署長「破壊消防」指示
23：00	自衛隊730人，車両，救急車等55台到着
	直ちに消火活動開始
0：12	内陸地の消防署へ出動要請
2：10	秋田県由利郡より消防車出動

火災前面線の長さ（m）
風速（m/sec）

図3-3　酒田大火(1976)延焼動態図[1]

3-2　密集市街地を木造で防災化することはできないか

　酒田大火が起こった頃、建築研究所では、都市防災に関する5年間の研究開発プロジェクトの準備をしていた。その趣旨は、市街地大火の防止というよりは、大火が発生した時の広域避難場所の整備基準を誘導しようというものだった。企画が始まった頃、市街地大火は起こらなくなってきてはいたが、大火の重要な要因である強風と地震のうち、起こらなくなってきたといえるのは強風下大火だけで、地震時の大火の危険性が解決されたとは考えられていなかった。地震火災は、関東大震災の被害をあれだけ大きくした主要因で、戦災復興期の福井地震（1948）でも、大規模な市街地大火が起こっていた。しかし、高度成長期以降、大規模な密集市街地のある都市を直撃するような大地震は、新潟地震（1964）以後、12年の間、起こっていなかった。

　このプロジェクトにおける技術的な課題の核心は、避難場所の配置や面積の計画基準、周囲が市街地火災となったときに避難場所に集まった避難者を火災から護る計画手法の開発で、プロジェクト全体は、都市計画部門が担当することになっていた。しかし、これらの課題の中には、都市火災の性状の評価に関わる検討が必要なものもあり、筆者はそれを担当することになった。

　このプロジェクトの初期に、広域避難場所設置の対象となりそうな密集市街地を、都市計画系の研究者らと調査して回ったことがある。対象は、首都圏や当時、群発地震が心配されていた和歌山市などだった。当時の密集市街地の防災政策の基本方針は、面的再開発を行うか、建物の不燃化、つまり、耐火構造への建て替えを進めるかのいずれかだった。法令上、小規模な低層建物なら耐火構造とする必要がない準防火地域でも、密集市街地なら建て替え時には耐火構造とすることが推奨されていた。しかし、各地の密集市街地の状況を見て、密集市街地の面的再開発も、個々の建物の耐火建て替えも、いずれも不可能な地域が多いのではないかと思うようになった。

　面的再開発の基本的な方法は、密集していた低層建築を一掃して高層建築に集約し、併せて、建築面積全体を大きくして、外部からの利用者を増やし、元々の住民に経済的な負担がかからないようにするということだった。現実に成果をあげている例もあったが、事業の前提からみて、相当大きな敷地を

一挙に開発して地区の利便性や魅力が高まるか、交通の便がいいというような条件のもとでなければ成立し難い。一方、個々の建物の不燃化については、密集市街地の個々の敷地で建て替えを行おうにも、密集市街地が形成された背景からもともと地盤が軟弱な場合が多かった。そのうえ、道路が狭隘で、敷地も小さかったり不整形である場合が多かったりしている。

　鉄筋コンクリート造や鉄骨造に建て替えようにも、軟弱地盤では地盤改良や基礎工事に大きな困難と負担が生じるうえ、工事に必要な重機を狭隘な敷地に設置すると、建物を建てられる面積が減ってしまう。建築面積が減っても、階数を増やせば、指定された容積率は消化できるが、階段に多くの面積を占められるため、有効面積は減少するし、建築平面がますます不整形になって使い難くなる。そもそも、道路も狭隘で曲がっていて、コンクリート工事に必要なミキサー車が通れなかったり、重機や鉄骨を搬入できない地区すらある。そうなってくると、仮に都市防災のための建て替えを補助事業などとして推進しようにも、事態はそれほど改善できそうもない。そればかりでなく、大都市で密集市街地が形成されたのは、急激な人口増加が起こった時期や戦後の復興期であったが、いずれにしても当時はその時期から世代が変わってきており、相続で敷地がさらに細分化されたり、土地・建物の権利関係が複雑化してきていた。ということは、多数の権利者の調整が必要な面的再開発も次第に困難になっていくということである。

　密集地区での不燃化が進んでいなかったのは、住宅だけのことではなく、法令上、耐火構造など、より高い防火性能を必要とする規模の施設でも事情は大して変わらなかった。当時、大都市の密集市街地には、古くから続く繊維産業などの軽工業を担う木造の工場がつきものだったが、1970年代初期からの円高で不況が続いており、調査中に工場を訪ねると、この仕事は自分の代で終わり、といわれることも多かった。しかし、何か新しい事業をその土地で始めようにも、立地条件から見て木造以外では工事が難しいので、建物を撤去して駐車場にするしかないなどという。

　酒田大火では、建築基準法制定前に建てられていた大規模な木造倉庫を改造した映画館で出火し、その火災を鎮圧できなかったことが、市街地大火に拡大する契機となった。大規模木造建築が市街地大火の重要な要因だったが、

その頃は、密集市街地に既存不適格の古い大きな木造建築があっても、いずれは法令に従った構造の建物で建て替えられるだろうと思われていた。しかし、密集市街地では建て替えや用途の転換が思ったようには進まない。しかも、事業を閉鎖した後、空き家か倉庫のような状態で老朽化が進めば、火災のリスクは高くなるばかりである。

　ところで、住宅の多い準防火地域の低層市街地は、その全体が防火構造で建て替えられた暁には市街地大火は起こらなくなるというのが基本的な考え方だった。しかし、実際に密集市街地を歩いてみると、当時、準防火地域に指定後ほぼ一世代を経過していたのに、更新はそれほど進んでいなかった。そればかりか、防火構造で新築された建物も、窓は防火性能のない普通ガラスで、近隣で火災が起これば窓が脱落して内部に簡単に延焼しそうである。当時は、建物外周部で延焼の恐れのある部分の開口部は乙種防火戸（その後、防火設備に改称）とする規定はあったが、そのスタンダードはスチールサッシに網入りガラスを嵌め込んだ窓で、とても、木造住宅で利用できるようなものではなかった。木造住宅向けの防火戸が製品開発されていたわけでもなく、低層木造建築の建築確認では、延焼の恐れのある部分の窓には、やむを得ず、アルミサッシに網入りガラスを嵌め込むように指導するなどしていたが、それも徹底していたわけではない。そういえば、自分が生まれ育った東京都区部の市街地は準防火地域だったが、建て込んだ敷地の住宅でも、網入りガラスの入った防火戸など、見たことはなかった。

　密集市街地の建物には、法改正などによって生じた既存不適格にとどまらず、地域によっては、準防火地域に指定された後、法基準に合わない仕様で新築や増改築がされたとしか思えない建物も少なくなかった。住宅など低層木造については、建築確認の徹底もできていなかったわけである。プロジェクトの関係者には、地方自治体に出向して建築確認に当たる建築主事を経験した人物もいたが、高度成長期頃までは、戦前、市街地建築物法の対象となっていた大都市を除けば、建築基準法を理解できる人材は、民間も行政も建築着工件数に比べて圧倒的に足りなかったという。大学で建築学科が多数、設置させるようになったのはほぼ1960年代の高度成長期からのことである。建築基準法が制定された時に建築学科の卒業生を社会に送り出していた大学や

旧制高等専門学校がごく少なかったことを考えれば、無理からぬことだった。全国の多くの地域では、1960年代半ばにいったん市街地大火が起こらなくなったといっても、準防火地域の内実は、屋根の不燃化を除いて、必ずしも順調に建物の防災性能を高めていたとはいえない有様だった。

酒田大火も、前述のとおり、古い木造映画館で出火し、その周囲には木造建物が密集していた。消防隊が到着した頃には映画館は消防隊では鎮圧困難なほど拡大しており、近接する建物への延焼も阻止できなかった。付近には耐火構造の建物もあったが、その内部に延焼した後は、建物内部全体に火災が拡がって、最上階の窓からは多量の飛び火を発生して却って火災を拡げてしまった。風下の市街地には当時、実質的な建ぺい率が80%を超えていた部分も多く、庭がないので屋根に物干し場を設けている民家も多かった。その物干し場に飛び火が落ちたのが、遠方まで飛び火延焼が及ぼした原因とも考えられた。飛び火を発生した耐火建築物も、当時の防火規定を満足していたのであれば、それほど短時間に火災が建物全体に拡がったり、窓がそう簡単に脱落したりするとは考え難かった。この建物も、火災拡大の防止については弱点が多かったのであろう。図3-3に示した酒田大火の経過を見ると、消防戦略が個別建物の鎮圧から市街地大火抑制に転換するのが遅れたことなど、常備消防が強化され、消防装備の整備が進んでいたといっても、一般の消防隊員が経験したことのないような状況ではまだ、火災鎮圧は容易ではないことを示していた。酒田大火は、本州では15年ぶりの大火だったが、全国の消防体制は、その間に消防職員数が2.5倍に、また、常備化率は約15%から約80%に増加していた。常備消防力は著しく強化されたが、市街地火災の消防経験を身近には知らない消防職員が多数になっていたということでもあり、都市防災分野では、市街地火災の消防経験の風化が囁かれていた時期だった。経験頼みではない消防力の強化が課題になってきていたということである。

酒田大火の経過を見ると、それまで10年余り、大火が発生しなかったからといって、「大火を克服できた」といえる段階になったわけではなく、大火防止のシナリオの一部が狂えば大火は起こり得るとしか思えなかった。

当時、防火構造として建てられた建物を含めて、市街地の木造建築には、市街地大火防止上の弱点が少なからず残っており、それまでも、密集市街地で

は、その解決や建て替えの推進が課題だと考えられてはいた。しかし、密集市街地で、再開発や耐火建築物への建て替えが必要だとわかっても、そう単純に実現できるものではない。そこで、仮に、木造で火災にも地震にも強い建築を実現できれば、耐火構造による建て替えができないことで乗り上げている暗礁のいくつかは、解決できるのではないかと考えるようになった。

そう考えたのは、枠組壁工法の火災実験で驚いたり、その後、火災実験を通じて、住宅産業との接触が増えて、住宅工事のことがある程度、理解できるようになっていたからだろう。木造は鉄筋コンクリート造や鉄骨造よりずっと軽量なので、仮に防火的に補強して重量が増したとしても、軟弱地盤で施工が困難になるほどのことはないだろうし、重機を使わない施工も可能である。鉄筋コンクリート造や鉄骨造では、密集地区でいったん建設すると、その後の解体・建て替えが難しいことも、土地の権利が複雑化する中で耐火構造化が忌避される要因であった。しかし、木造なら、その懸念も少ないだろう。都市防災のプロジェクトに関わっていた都市計画の行政官や実務家の中にも、火事に強い木造の実現を期待する声は少なくなかった。それができれば、都市計画の手法や政策のメニューは相当、幅が拡がるというのである。

一方、筆者は、勤務先の建築研究所が、1979 (昭和54) 年春に筑波研究学園都市に移転した前後から、基礎研究として火災時の火炎の高さや温度・速度の分布、火炎からの周囲への熱的影響の研究を行っていた。火災の拡大過程を予測して、その危険性を評価したり、火災拡大を制御できるようにするには、その根源である燃焼現象や火炎性状を、燃焼物の基本的な物性から予測できるようにする必要があると思ったからである。火炎高さなど、火炎の主な特徴が流体力学的な原理で決定されることは、その前にほぼ定説になっていた。しかし、それを裏付けたり、火炎高さや温度、周囲への加熱条件など、火災安全対策上、必要な情報を具体的に明らかにするには実験が必要だった。そのための実験技術は、国際的にも育っていなかったが、筑波の研究施設ならば、世界水準を超える実験や測定ができそうだった。そうした研究を始めてみると、その副産物として、市街地火災についても、色々な予想が立てられるようになった。木造の建物が市街地火災で仮に類焼しても、その燃焼の仕方が緩慢になれば、市街地火災の拡大の抑制や広域避難場所の安全性など

に大変効果が大きいことなども、火炎の研究から予想できた。

　具体的には次のようなことである。

　広域避難場所は一般的にはオープンスペースで、日常的には公園などとして使われるという想定である。火災加熱に強い樹木や建造物などで囲んで、近隣で市街地火災になっても避難場所内が放射熱屋熱気流などの影響を受け難いように計画したい。そこで、市街地火災で形成される火炎から避難場所にどの程度の放射熱が届くかが、避難場所の設計の重要な要因となり、当然だが、火炎は高いほど危険になる。過去の市街地大火には、火炎の高さが30mにも及んだとの目撃記録もある。それは実際の火炎の上に湯気を大量に含んだ煙が立ち上り、それが火炎を反射しただけだとの意見もあったが、火炎の高さが家屋の棟高の数倍、という記録は枚挙に暇がない。その程度でも十分に大きな脅威であり、火炎がそこまで大きくなると、建物の外壁が強く加熱される範囲が拡がって、市街地での延焼が早くなる可能性も大きくなる。

　市街地のように開放された空間の火炎の高さを支配しているのは、単位時間あたり発熱量（発熱速度）と燃焼領域の広がりである。発熱速度が大きいほど火炎は高くなるが、面積当たり発熱速度が同じなら、燃焼領域が大きいほど、火炎の高さは低くなる（図3-4 (a)）。火炎は、燃焼領域から発生する可燃ガスと周囲から巻き込まれる空気に含まれる酸素とが反応して形成されるが、燃焼領域が広いほど、周囲の空間との接触面が大きくなって空気を巻き込みやすくなり、可燃ガスが上昇しないうちに酸素と反応するからである。また、燃焼面積当たり発熱速度が大きいほど、燃焼面の大きさに対する火炎の高さは大きくなり、油のような発熱量の大きい物が燃えると、屹立するような火炎になるのに対して、林野火災のような状況では、単位面積当たり発熱速度は小さく、火炎の高さは燃焼面積に比べてずっと小さい。火炎の高さと発熱速度の関係は、図3-4に見るように、火炎が屹立するような状況では、火炎高さが発熱速度の2/5乗に比例し、火炎高さが燃焼面の大きさに比べてずっと小さい状況では、火炎高さが発熱速度の2乗に比例するようになる。

　この関係を住宅の火災に当てはめてみると、住宅一棟が炎上する場合は、火炎の高さは発熱速度の2/5乗にほぼ比例し、市街地大火になった状態では、発熱速度の2乗に比例する。つまり、住宅一棟の発熱速度を半分にすることがで

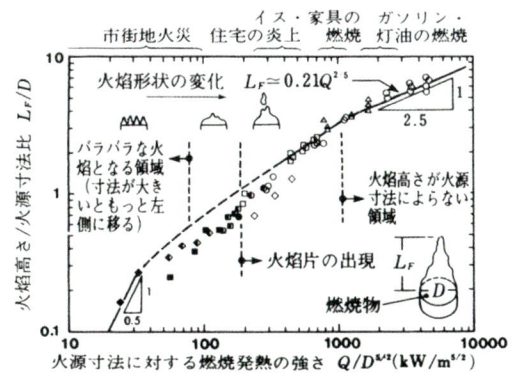

（a）燃焼発熱速度と火炎高さの関係

（b）面積に対して発熱速度が小さい火炎（都市火災など）の再現実験

（c）面積に対して発熱速度が大きい火炎（旧・蔵前国技館火災実験、1985）

図3-4

きた時の火炎の高さは、住宅一棟の火災なら75%に減るだけだが、多数が燃焼している場合は、25%に減少することになる。

枠組壁工法の火災実験では、発熱速度は、戦前に行われた木造家屋火災実験の半分程度には低下していたであろう。これは、例えば、仮に市街地火災の状況で住宅一棟が炎上すると建物の4倍の高さの火炎が形成されるとしたら、発熱速度がその半分になるように建物を造ることができれば、火炎の高さは1/4、つまり、建物の高さにまで低下することを意味している。市街地全体でなくとも、その半分の家屋だけでもこの性能の家屋に更新できれば、発熱速度は75%に減少し、市街地火災時の火炎の高さは約半分にまで低下する。その程度ならば、広域避難場所を護るために周囲に巡らす樹木や塀は、さほど高くしなくても火炎からの放射熱を避難場所から遮ることができることになる。

こうして、筆者は、一方で密集市街地を踏査する間に不燃化の限界を感じて、防火性能を強化した木造による密集市街地の安全性向上の可能性を考え、もう片方では、火炎に関する理論的考察や実験から、密集市街地の防災対策を進めていくためには、木造建築の火災性状を制御できるようにすることが重要だと考えるようになった。

そんなことを考えていたのは、枠組壁工法住宅の火災実験から3、4年後、都市防災プロジェクトの後半に入った1980（昭和55）年頃だったが、住宅防火の方は、枠組壁工法に続いて、プレハブ住宅でも、防火性能の検証に取り組む企業が現れていた。

当時の防火規制では、住宅については、準防火地域に指定された市街地であっても、事実上、外壁や軒裏、屋根の外部からの類焼防止性能以上のことは要求していなかった。しかし、プレハブ工法の一部や枠組壁工法のように住宅を壁、床などのパネルを組み立てて作る工法では、建物内部の間仕切り壁や床が火災で短時間に崩壊しないようにする検討も行われていた。検討が行われたのは、本来、火災時に建物が崩壊するとしても、防火法令を基本的に支えている軸組構法の炎上崩壊性状よりも危険な経過にならないようにするためだった。しかし、枠組壁工法に続いて一部のプレハブ工法でも、ある程度の防火性能が確認された部材を使った建物で火災実験を行ってみると、戦前期の火災実験のような短時間での炎上崩壊は起こらなかった。木造が火災

に弱い根源的な理由は、火災で短時間に炎上崩壊しやすいことだったから、これらは火事に強い木造の実現に向けて幸先のいい成果だった。

　しかし、当時の低層住宅の市場の大半を占めていた軸組木造については、防火構造の弱点などを見直そうとか、木造でより防火性能の高い建築を造っていこうという気運はほとんど見られなかった。そのため、枠組壁工法や一部のプレハブ住宅で可能になってきた火災性状の制御の方法を、軸組構法にそのまま応用できるかどうかもはっきりしなかった。

　一方で、住宅の火災実験で判明した知見を、都市防災のための制度にどう位置づけられるか、についてはなかなか見通しは立たなかった。当時、市街地大火防止の建築政策上の最大の難題は、密集市街地の不燃化の停滞だったから、防火規制される地域で、耐火建築物が求められていた建物の一部を、火事に強い木造でも建てられるようにする制度ができれば、その打開につながると考えられた。しかし、1980年頃までに出現した「燃え難い木造」をそのように法的に位置づけるとしても、耐火構造に比べれば防火性能が低い以上、規模や隣棟間隔に制限を設けざるを得ない。こうした条件を明らかにするにはさらに相当な研究が必要であったし、その時点では、期待するような性能を達成できる工法が住宅市場の一部を占めるに過ぎないというのでは、強制力のある規制としての体をなさない。

　都市計画や建築行政のベテランの意見では、このような段階で火事に強い木造の開発や普及を進めていくためには、規制ではなく、火事に強い木造が優遇される制度を用意していった方が合理的だという。それによって、新興の木質工法が防災性能の高いものとして優遇され、社会的に認知されれば、軸組木造のように、それまで防火性能に積極的な関心を示してこなかった木質工法の業界も、防火技術の開発に乗り出すだろう。火事に強い木造を法的に位置づけていくのは、そうやってどのようなタイプの木造でも、防火構造を超える防火性能を達成できる実力がついてからでよい。

　都市防災のための技術開発を政策的誘導によって進めるという取り組みは、それまでも前述の住宅金融公庫が、コンクリートブロック造などを耐火構造と防火構造木造の中間に位置づけて（簡易耐火構造）、融資条件を優遇し、設計・施工指針などの標準化を図った後、建築基準法の規定（簡易耐火建築物。後のロ1、

ロ2準耐火建築物）に吸収させていったという例があった。政策的誘導により住宅の防火性能を高めようという発想の背景には、当時、住宅の質的向上に向けた技術開発気運が高かったことも作用していただろう。

　もっともそうはいっても、その頃は社会一般はおろか建築学の世界でも、木造が火事に弱いのは宿命と思われており、こうした議論が社会的な関心を集めたとは思えない。しかし、後述するように、火事に強い木造のその後の技術開発や制度的整備は、結果的に、この段階で議論されたように進んでいった。木造住宅の防火性能が、都市防災という観点から都市計画の分野も含めて分野横断的に議論され、建設省内止まりとはいえ、建築法制や都市計画の政策担当者の間で木造による都市防災対策の構築が夢物語ではないとの認識が拡がっていたことは、1980年代以降の住宅政策における木造の重視や、準耐火構造の制度化に至る経過や阪神淡路大震災後の密集市街地の防災政策に深い影響を及ぼすことになったと考えられる。

3-3　木造を火事に強くする原理

　枠組壁工法住宅の火災実験が、それまでの木造火災の常識を覆すような結果になったからといって、直ちに、「火事に強い木造」の研究開発に向けた取り組みが活発になったわけではない。

　しかし、住宅の壁や床を、火災実験の試験体建物のように不燃材料で被覆した構成にすれば、火災で出火室以外に火災拡大したり周囲の建物に延焼させる危険は、それまでの一般的な木造に比べて顕著に低下し、仮に市街地大火に巻き込まれても延焼速度の低下への影響は大きい。このことは、酒田大火後の都市防災対策の見直し、就中、火事に強い木造の振興の必要の政策的認識の高まりの中で、低層市街地建築の将来のあり方として評価され、1982（昭和57）年、住宅金融公庫により、枠組壁工法は、一定の条件を満たせば「簡易耐火構造に準じる構造」として、住宅を建てる時の融資の条件が優遇されることになった。前述のように、簡易耐火建築物自体が、かつて住宅金融公庫の一性能区分（「簡易耐火構造」）から建築基準法に導入されたものである。この基準は、1971（昭和46）年に制定されていた勤労者財産形成促進法の住宅に

関する省令を参照して、「省令簡易耐火建築物」
(後に、建築基準法に準耐火構造が導入された時に、簡易耐
火建築物は準耐火建築物の一部に吸収され、「省令準耐火建
築物」に改称）となった。この法令の目的は、勤
労者の優良財産の形成の促進だったが、省令簡
易耐火建築物は、建物内部も火災が拡がり難い
構造としたため、一般的な住宅などよりも、火
災損害が小さいとして、火災保険の料率も割り
引かれた。枠組壁工法や一部のプレハブ工法で、
建物レベルの防火性能に関する技術開発に取り
組み始めたのは、工法が、建築基準法の一般的
な想定と違っていたからだが、その延長上に、
火事に強い木造の開発推進の展望が開かれたこ
とになる。

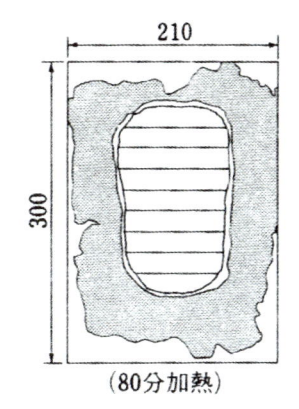

図3-5　耐火加熱試験後の
大断面集成材柱[2]

　こうして、枠組壁工法やプレハブ住宅で防火性能に関する研究開発が進め
られ、枠組壁工法の省令簡易耐火建築物認定後は、市場の多数を占めていた
在来型の軸組構法でも、防火性能に関わる開発が進められるようになった。火
事に強い木造への誘導策の効果ともいえよう。

　ところで、枠組壁工法やプレハブ住宅で取り組まれた木造防火技術の開発
は、荷重を負担する木造の構造部材を不燃性の板材で被覆するという考え方
によっていた。一方で、1980年代には、断面の小さい木材を接着剤で貼り合
わせて大断面部材とする集成材を使って、体育館など比較的大きな空間に使
われるようになり、大きな断面を造ることのできる集成材の特徴を活かした
建築の可能性が検討されるようになった。集成材を構造に使う建築では普通
木材が露出するが、北米では、すでに当時の日本の規制では耐火建築物とす
る必要があった大規模建築にも使われていた。

　集成材で火事に強い建築を作る考え方は、木材でも断面が大きくなれば、そ
の表面から燃焼しても、断熱性の高い炭が層のようになるため、部材内部の
温度上昇は遅れるという性質を活用しようというものである（図3-5）。

　つまり、火災になっても1時間、木構造が崩壊しないようにするためには、

1時間の火災加熱で表面から燃焼し、炭になる厚さを予測し、残った断面で建物の荷重を支えられるようにすればよい。火災加熱で炭になってしまう厚さ分には、荷重を支えることを期待せずに構造設計を行うという意味で、それを「燃えしろ」と呼び、この設計の仕組みは「燃えしろ設計」と呼ばれるようになった。すでに実用化していた北米では、この部分は、Sacrificial layer、つまり、「犠牲になる層」と呼ばれており、その和訳が「燃えしろ」ということである。この考え方を、日本の法規制と調和させて導入しようとして、研究開発ゃ基準案づくりに熱心に取り組んでいたのは、当時、集成材を生産していた三井木材工業の宮林正幸氏や建築研究所の中村賢一博士で、1980年代の一時期には、建築研究所の耐火実験施設に耐火加熱実験の試験体とする大断面集成材の梁や柱が山のように積み上げられていた。中村さんは、大学生時代に、戦前期木造防火研究の中核的存在だった濱田稔に師事して、建築防火の世界に入った人である。また、宮林さんは、その後も、民間で大規模木造や集成材に関わる大勢の技術者、専門家を育成して、大規模木造建築の設計や生産の意欲的な取り組みの振興に貢献されてきた。

　しかし、燃えしろ設計では、構造部材自体が燃焼するため、燃焼の仕方によっては、戦前期の木造家屋の火災実験のように、炎上火災となってしまう可能性もないとはいえない。木造部材自体の燃焼は、主に空気に露出する表面で起こるので、一般に、断面に比べて表面積が大きいほど、燃焼性状は激しくなる。しかも、仮に火災加熱で燃焼して炭になる速さ（1分間に炭になる厚さを炭化速度という。毎分0.6〜1.0mm程度である）が断面によらず一定であるとすると、部材の断面が小さく、燃焼する表面積の合計が大きいほど、部材の断面積が火災前の状態から減少する速度は速くなるということになる。だから、燃えしろ設計という考え方は、木造部材ごとの断面積が大きい場合に有効になるのであって、個々の部材の断面が小さいと、火災の拡大を助長するだけになってしまう可能性がある。その点、「燃えしろ設計」という考え方は、部材断面を大きくしやすい集成材が本格的に活用されるようになって初めて、可能になったということができる。燃えしろ設計は、建築基準法改正により、1987（昭和62）年より、それまで木造では事実上、建てられなかった規模の大空間建築などに適用されるようになった。

ところで、燃えしろ設計は火事に強い木造を目指しているといっても、その方向は枠組壁工法などとは随分違っていた。それは次のようなことである。

　日本で、木造が火災安全性という観点から制約されていたのは、短時間に炎上崩壊してしまう可能性があるからで、それが、一方では、市街地大火の危険を生み出し、もう一方では、建物内部での避難の困難性を生み出していた。市街地大火の建築レベルでの対策は、戦後ずっと、市街地における木造建築の規模を制限のうえ、建物の外周部を防火的に強化する、という方針であった。避難の困難性については、避難の困難が予想される用途への利用の制限、階数や建物全体の面積の制限によっていた。枠組壁工法やプレハブ工法が主な対象としていた住宅は、準防火地域などに指定された市街地に建てられることが多かったから、都市防災という文脈で評価されることを目標に技術開発が行われた。実際に住宅を建ててみて、それを試験体とする火災実験が繰り返し行われたのもそのためであった。一方、大断面の集成材による燃えしろ設計は基本的に大規模な空間に適した工法であり、その火災安全性の向上は市街地大火のリスク軽減というよりは、避難安全性などの観点から設定されていた規模制限を克服することを目標とするものとなっていた。住宅向けの工法と燃えしろ設計では、本来、追求する防火性能の方向にこのような基本的な違いがあり、この二つの間に共通点はないと思われていた。

　しかし、住宅向けの工法では、火災実験を行っている間に、外部で起こった火災によって類焼する危険の抑制だけでなく、建物の倒壊も遅らせることができることが明らかになり、その建物で火災になった時の周囲への影響も制御できることが明らかになった。それはさらに、建物からの避難が終わるまで、建物の倒壊をはじめ、避難経路の安全性を確保できるようにしていけば、避難安全上の理由から制限されていた階数や規模の制限を克服できる可能性があることを示唆していた。一方、燃えしろ設計は、本来、避難安全上の脆弱性を克服しようとするものだったかもしれないが、火災による建物の倒壊を遅らせることができれば、市街地に建てた場合に、周囲への延焼危険を抑制できる可能性があり、それは都市防災上、有効に作用すると考えられた。しかし、その頃、各々の工法を市場化しようとしていた業界が、直接の市場的関心を超えた可能性を視野に入れていたようには見えなかった。

1980年代、様々な工法で火事に強い木造の実現への取り組みが行われるようになった段階で、火災が続けば最後は燃えてしまう可能性のある木材を構造部材とする建物を、どうすれば火事に強くすることができるのか、一貫性のある考え方が必要になってきた。そこで考えたのは、木造部材の燃焼が遅くなるように制御すれば、最終的に部材が全部、燃えても火災に起因する危険は低下するという捉え方である。

　それまで、木造建築は火事になると最後は燃えてしまうといわれて、その木造建築でどう避難安全や市街地への延焼防止をどう確保するか、という考察に入らないで思考停止してしまう傾向が強かった。しかし、最後は燃えてしまう建物が絶対悪であるというのならともかく、達成すべきことが人命安全や延焼防止であったなら、それは火災性状を制御して達成するのでもよいはずである。市街地大火が減少してきた1960年代は、実は、中高層の建物で多数の犠牲者を出すビル火事が頻発し始めた時代であり、建物を不燃化しさえすれば人命にも安全になるわけではないことも、すでに認識され始めていた。

　木造で、火災時の延焼危険の軽減や人命安全をどう達成するかをやや具体的に検討してみよう。

　木造住宅を考えると生活に使われる家具などの可燃物の量は、燃焼発熱量に換算すると構造部材に使われる木材と同じくらいか、それよりも少ない。火災になった時、最初に燃え出すのは大体のところ、建物本体ではなく中に置かれた可燃物であり、出火した室が火の海になるまではほぼ可燃物や建具、カーテンなどの燃焼が主体である。戦前期の木造家屋の火災実験では、この段階から、天井や天井裏の木造部材に引火して燃焼が始まっていたとみられている。戦前期の木造家屋の火災実験で短時間に燃焼のピークに達して建物が崩壊してしまったのは、このように、建物に持ち込まれた可燃物と木造部材がほぼ同時に燃焼したうえに出火室から他の室に容易にも拡がってしまったからである。仮に、室内の可燃物が燃えている間は木造部材が燃焼しないようにすることができれば、室内の可燃物が燃焼している間は、鉄筋コンクリート造など、当時の耐火構造と火災性状は違わないことになる。

　木造建築で、木材の表面が大量に露出して見える場合と3-1節で紹介した実

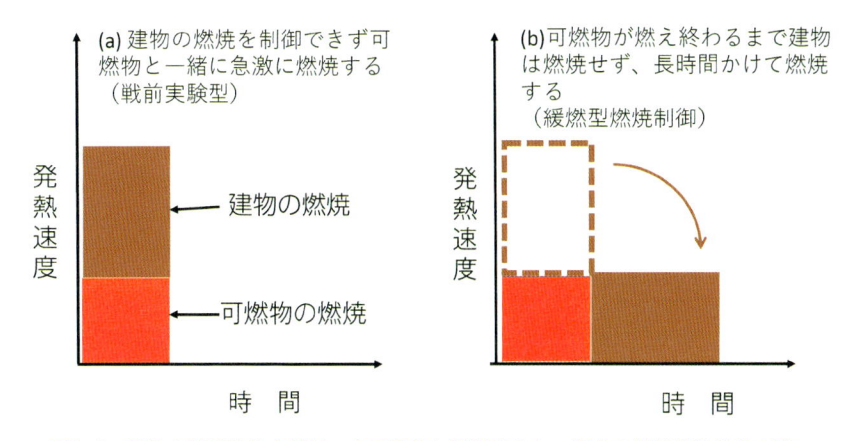

図3-6　建物の燃焼性状を制御できる場合と制御出来ない場合の燃焼発熱性状の違い

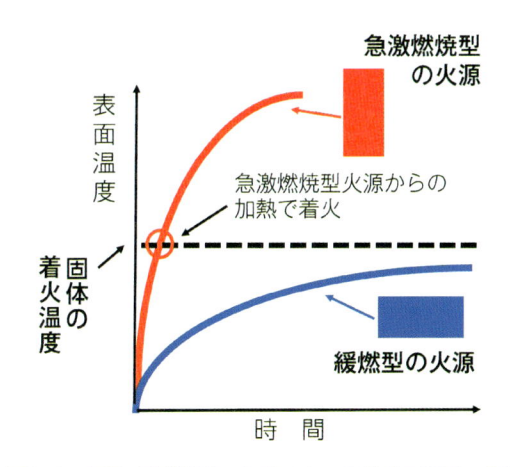

図3-7　火源の発熱性状と加熱される固体表面温度の関係

験のようにゆっくり燃焼するように制御できた場合とで、建物内の可燃物の燃焼も含めて、燃焼発熱速度を比較すると、図3-6のようになる。建物に使われた木材の量が同じで、最後には木材が全部、燃え尽きるとしても、建物の燃焼性状を制御できた場合は、発熱速度が小さい代わりに長く燃焼する。そして、建物の火災が周囲に及ぼす延焼危険は、燃えるのが速いか遅いかによって大きく異なる。図3-7は、火災になっている建物の近くの壁の表面温度の変

化の様子を、建物が激しく燃焼して短時間に燃え尽きる場合と、緩慢に燃焼して燃え尽きるまでに時間がかかる場合とで概念的に比較したものである。壁表面が受ける熱量の総量は同じでも、激しく燃えて短時間に燃え尽きる方が、壁の表面温度は高くなる。これは、壁表面が受ける熱は、壁内部に浸透するが、それには時間がかかるため、短時間に強い熱を受ける場合の方が、熱は壁内部へは十分、浸透しないまま表面温度が変化するからである。

　木材などの可燃物は強い熱を受けると着火することがあるが、着火する温度は材料によってほぼ決まっている。つまり、可燃物の表面が火災加熱を受けても、その材料の着火温度に達しなければ、引火はしないで済むのである。木造建築が建ち並ぶような場合、一棟が火事になっても、隣の建物の外壁が、着火温度に達しないように建物の燃焼性状を制御できれば、延焼は防げることになる。木造でも構造の燃え方を緩慢にできれば可能になる。

　一方、建物の規模が大きくても、建物の中にいる人が外部まで避難する間、建物の構造が崩壊しないようにし、建物内の煙の拡がりも抑制することができれば、木造でも安全に避難できる建物になる。建物の部材が長い時間、火事に耐えるようにすることは、建物内の煙の拡がりの抑制という観点からみても重要である。構造が早く崩壊し始めるようでは、煙の拡大を抑制するための扉や間仕切り壁などが脱落したり隙間が生じて、避難路への煙の侵入を防げなくなるからである。

　ところで、建築部材の防火性能は、普通、柱、梁、床、壁などの部材に分け、炉で火災による加熱を再現する試験を行って確認が行われるものである。しかし、そうやって防火性能を確認した部材を組み合わせて建築物にしても、部材ごとの性能からイメージされるような性能が発揮されるとは限らない。それは、主として、部材を組み立てる時の接合部も火災の影響を受けるし、実際の火災時に、一部の部材が火災で変形すれば、その影響は他の部材にも影響するからである。それに、防火性能を確認するための試験に使う炉には大きさに限界があるが、壁、床、梁などの部材は、実際の建物に使われる場合は試験の時よりも大きいことが少なくない。部材の大きさが変わるだけで、部材全体の変形は大きくなるのである。

　木材を不燃材料で被覆する工法については、枠組壁工法や各種のプレハブ

(a) 火災中の様子 ※福山市消防局提供　　　　　(b) 火災後

木造屋根は燃えたが崩壊せず自立している

図3-8　大断面集成木造体育館の火災(2000)[3]

工法について、実建物による火災実験が行われていた。それは、部材レベルの実験では明らかにできない防火性能を把握したり、部材レベルでの実験から実建物での防火性能を予測できることを確認するためであった。

　しかし、燃えしろ設計については、使われようとしている建物が大規模であることもあって、こうした実験は長い間、行う機会はなかった。被覆型木造が主な対象としてきた住宅では、梁や床などの長さは最大でも5mを超えることはほとんどなく、その大きさなら部材レベルの耐火加熱試験で防火性能を確認するのに困難はなかった。

　それに対して、燃えしろ設計の主な対象となっていた体育館などの大空間では、個々の部材の長さが試験用の炉を大きく上回ることもあった。そうすると、部材全体が加熱されると、実験可能な短い試験体に比べて変形がより大きくなって、試験よりも危険になる可能性があった。しかし、燃えしろ設計による構造部材でつくられた建物の防火性能の妥当性と課題は、その後、予想もしない経過から明るみになった。

　2000（平成12）年10月17日、広島県福山市の中学校の体育館が全焼する火災が発生した。火災が発見されたのは授業期間中の昼休みであり、消防隊がかけつけて鎮圧されるまでの様子は在校した多くの人が目撃することとなった（図3-8）。建物は大断面集成材で造られており、舞台横の器具庫で出火して火炎が体育館部分に侵入し、天井の下を広がって短時間に体育館部分全体に火炎が拡がるという経過だった。消防隊がかけつけた時には、体育館部分にす

でに延焼していて、消防隊は外部からの放水で建物周囲への延焼防止に精一杯であった。それでも建物自体は崩壊を免れ、死傷者が出ることはなかったが、その一方、建物内の火災拡大は急激で、火災当時、仮に行事などで体育館に大勢が在室していれば、多数の死傷者を出した可能性もある。

体育館のように天井が高く可燃物が集まって使われるようなことのない空間では、可燃物が燃え上がったとしても、それほど大きな火炎ができるわけではない。そのため、空間全体が短時間に人命に危険になるようなことはないと考えられてきた。しかし、この火災では、出火したのは器具庫で、体育館にも広がったとはいえ、体育館部分に延焼してからの火災の拡大はいかにも急激で、体育館の火災に関する想定を超えていた。

この火災は新聞などでも報道されたため、筆者らの耳にも入ってきた。そこで、建築研究所、森林総合研究所や関西の防火研究者と相談して、専門家チームによる調査を受け入れていただくよう福山市に打診したところ、再発防止への意見書の提出を条件に、広島県と福山市からは設計資料の提供や関係者のヒアリングの斡旋を含めて応じていただくことができた。学校の体育館は多数建てられるため、同じ部材を使う標準設計がされているから、一度でも大きな火災が起こるということは他の建物でも起こり得るということであり、再発防止は、学校を整備する行政から見ても重要な課題だった。

建物は、火災の3年余前に竣工したばかりであったため、設計図書が全て存在しただけでなく、出火した器具庫に置かれていた器具の製品まで把握することができた。建物は、準耐火建築物の要求がかからない限界で設計されており、準耐火建築物で行われている標準的な防災対策がされていたわけではなかった。しかし、燃えしろ設計による準耐火建築物については、前述のように火災実験による火災安全性の検証がされてこなかった。この火災は、建物の設計と収納されていた可燃物の内容と火災の経過がほぼ、完全に把握可能である。そのためこの火災を調査することによって、次の問題については実建物の火災でなければ得られない教訓を回収したかった。

①火災加熱による木造部材の損傷や強度の低下に関する燃えしろ設計の想定に大きな誤りがないか

②本火災では器具庫から体育館への延焼が急激かつ唐突に起こっており、避

難安全上の危険が大きい。この急激な延焼は何に起因するのか

　このうち、①については火災後、体育館を覆っていた部材が解体撤去された時に、一部をサンプルとして筑波の森林総合研究所に運んで、炭化層の厚さ、残存強度などの測定が行われた。その結果、炭化速度や接合部の残存状況は、ほぼ燃えしろ設計の想定通り、集成材の内部で炭化を免れた木材の強度は、火災の間、高温であった間はともかく、常温に戻った段階では、製材工場から出荷した時に比べて特に低下したわけではないことがわかった。

　一方、②については、出火した器具庫内の火災拡大が急激だった可能性と、器具庫内で拡大した火災が、体育館との間の間仕切り壁を短時間に突破してしまった可能性の二つが考えられた。器具庫では体操用のマットレスを積み上げた部分で出火した可能性が高いことが判明したので、使われていたマットレスの製品を試験体として燃焼実験を行ってみたところ、確かに、初期に消火できなければ激しい燃焼性状を示すことが判明した。そのため、この火災では、まず、器具庫でマットレスなどが激しく燃焼して火炎に包まれた後、器具庫の天井に届いた火炎が体育館との間の間仕切り壁の上部接合部を破って体育館の天井下に侵入し、そのまま体育館の天井下を広がったと考えられた。体育館の天井自体は不燃材料で仕上げられていたが、器具庫の可燃物量が多く、間仕切り壁も木造であったため、その全体が炎上すると、天井を広がるのに十分な火炎が形成された、ということであろう。体育館のように、内部出火に対して燃焼が拡大し難い空間であっても、可燃物が密度高く置かれた室が接していて、その間の壁の防火性能が欠けていれば、このようなことが起こり得るということである。学校体育館で使う体育用の器具の素材自体の難燃化や不燃化には基本的な困難があり、また、このような危険を生じるのは、用具を狭い器具庫に集積させた場合にほぼ限られる。そこで広島県と福山市には再発予防策として、学校体育館では器具庫など可燃物が集積する可能性のある室の壁を不燃化し、天井などとの接合部も燃え抜けが起こらないようにすることを進言した。

　木造が火災に弱いと考えられてきたのは、架構が火災で早く崩壊炎上することが、都市防災や避難安全、消防活動上、致命的な弱点となるからであった。この火災は、木造の部材の断面を大きくすれば、この弱点を克服できる

ことを強く印象づけたことになる。同時に、建物を支える構造が崩壊しなくても、壁などの内装や空間を区切る間仕切り壁によっては、燃焼の拡大は抑制が困難になることを示す火災でもあった。

荷重を支えない間仕切り壁については、それまで防火性能が重視されることはほとんど無かった。それは、大規模な施設なら火災が続く間耐えられる防火区画を、一定の面積ごとに、あるいは管理者の区分ごとに設けておけば、避難安全上の脅威となるような火災拡大は抑制できると思われてきたからである。しかし、次章で述べるように、この火災が起こった頃から、その想定を裏切るような火災が、頻発するようになっていく。

3-4　準耐火構造という考え方

木造建築の防火性能の向上技術の開発は、1980年代中頃には、在来軸組工法にも及んでいた。そして、1980年代後半には、大断面集成材の燃えしろ設計で可能な建築規模などが、それまでの一般的な木造の適用範囲を超えるようになったり、構造の防火性能を高めることで戸建て住宅の木造3階建てが可能になるなどの法改正が行われた。しかし、従来の木造より高い防火性能を達成できるのなら、適用対象をより一般的なものとする基準を導入するべきであるとの意見も拡がってきた。つまり、建築基準法で木造の適用対象を低層・小規模建築に限っていたのは、木造建築は火災になると短時間で炎上して、周囲に延焼させたり避難を困難にするのを防げないからであった。しかし、1980年代後期には、木造の火災性状を制御できるとの見通しが立ってきており、当時の木造規制の前提となっていた火災性状に当てはまらない木造を実現することは十分、可能と考えられるまでになっていた。

このように考えられた背景には、当時、日本と北米の間にあった貿易摩擦も関わっていた。当時、日本と米国・カナダの間には日本からの輸出が大幅に超過する貿易不均衡があった。特に1985年に、いわゆるプラザ合意によって米ドルの為替レートが短期間に25%前後も低下して、北米の農産物や木材の市場価格が日本より目立って低下したにも関わらず、日本への輸出がさほど増大しない事態になると、米国やカナダの政府は日本での木材活用に関す

る規制が非関税障壁になっていると主張して、この問題は法規制の緩和要求に転換していった。木材を日本に売りたい米国、カナダの政府や木材業界は、日本の建築法令では木造を過剰に規制しており、それが木材の貿易に支障になっているというのである。日本の木造建築市場はほとんどが小規模住宅であったから、北米から見て、木材市場を拡大する梃とするには、住宅以外への木造活用の拡大を可能にすることが目ざされただろう。

確かに、北米では、前述のように、都市では、外壁不燃構造の徹底により大火防止を成功させた後、必ずしも、建物全体が不燃構造化していったわけではない。中低層建築を主体に木骨組積造はその後も建て続けられ、枠組壁工法の防火性能を高めた4〜5階建ての集合住宅などは、当たり前のように建てられていた。北米から見れば、市街地大火を克服しながら自信をもって建て続けてきた大規模木造建築が、日本では規制により建てられないといわれれば、日本は木造に偏見を持っていると思えたであろう。

一方で、建築基準法は、それまでも改正が繰り返されていたが、防火規定の改正は、大火災が発生すると、その再発防止のために改正されるという傾向が強かった。もともと、大火災が発生するような段階では、被害が大規模化するメカニズムや被害を合理的に軽減する手法は未解明であることが多い。それらが仮に学術レベルで理解はされていたとしても、実用化ができていなければ、現実の設計や建築生産の現場に短時間に普及させるのは難しい。だからこそ大火災が起こるともいえるわけだが、そのような段階で災害再発予防のための規制を導入しようとすると、既成技術だけで問題を解決しようとして、結果的に硬直性の高い規制になりがちである。それは、戦後の市街地大火抑制政策において、木造の活用を住宅を主とする低層小規模建築に限定していたことについても、ある程度、当てはまることだった。

木造を低層小規模建築に限ったことが、1960年代にいったん市街地大火の発生を押さえ込んだ後、その状態をかなり安定に維持できた背景の一つであったとの評価は揺るがないだろう。しかし、その一方で、木造で火事に強い建物を実現しようという気運は、戦後はおろか1976年の枠組壁工法火災実験の後も、なかなか、拡がらなかった。そして、当時の耐火構造では事実上、新築ができない密集市街地を多く遺したまま、密集市街地の防災的改善が停滞

していたきらいがあることは前に述べた通りである。1980年代後期から1990年代までの木造に関する規制の変化については、日本・北米間の貿易摩擦の影響の大きさがしばしば指摘されるが、当時、日本国内では、建築防火の考え方が硬直的で、都市防災対策が暗礁に乗り上げていたことも現実だった。この時期の木造に関する技術開発や規制の変化は、都市防災に対しては明らかに改善の方向に向かっていた。

ところで、1980年代には、防災法令全般を見直して、法令で要求する性能を明確化し、建築設計の内容がそれを満足しているかを工学的な方法で判定できるようにする評価システムに転換させていこうとする取り組みがされていた。その主な関心は、すでに工学的予測技術が発展していた煙制御と、その主な適用対象である高層・大規模建築であって、当時の木造のマーケットからはほど遠かった。しかし、木造も燃焼性状を制御できる見通しが立ってくると、建築の防火性能を延焼防止、避難安全性などの要素に分けて、各々をどう達成するかを具体的に考察するという思考形式が、木造防災に関わる行政や研究者の間にも及び始めていた。

火事に強い木造をどう、防火法令に位置付けるかについては、それまで耐火構造とすることが求められていた条件のどこまでを、そのような木造で可能にするのかが論点であった。この問題には、当時の日本と北米の間の貿易摩擦の顕在化や国内の林産業の状況、火災になれば消防活動に当たることになる消防への負担増の可能性などが複雑にかかわりあっていたが、当時の木造防火技術でどのようなことが可能になるかを耐火構造と比較して整理すると、以下のようなことであっただろう。

①構造部材が最終的には焼失する可能性があるため、倒壊が重大な脅威をもたらす高層建築物には基本的に活用できない。

②周囲への延焼危険は、それまでの防火構造以下の木造より格段に軽減される。しかし、建物内部の可燃物に加えて木造部材も燃焼するとなると、燃焼量は耐火建築物とした場合の約2倍に達するため、消防力を強化しない限り、許容できる面積は耐火建築物より小さいはずである。

③建物全体の避難時間（全館避難時間などという）を支配する主要な要因は階数と避難人口なので、①も踏まえて階数を一定以下とすれば、全館避難時

間が短く、倒壊危険も小さい建物となる。この全館避難時間の間、建物が崩壊しないようにすれば、避難上、耐火建築物と同等の建物を木造で実現できるようになる。

これらを総合すると、耐火構造への建て替えが停滞して木造家屋の老朽化も進んできた大都市の密集地区の狭小敷地の活用や木造による建て替え、主として大都市以外での低層大規模施設の木造活用の範囲拡大ならば、それまでに開発された木造防火技術で達成できそうだった。

防火性能の高い木造部材の研究開発が進んだからといって、建物の部材のどの範囲まで、どの程度の防火性能を要求するのかも未解決だった。木造の市街地建築に使われていた防火構造は、本来、外壁を外からの類焼から守るだけである。その防火構造が、大規模な木造建築内部での延焼を抑制するために援用されることはあっても、それまで、建物内部の火災拡大や火災による崩壊を抑止するという考え方は日本の木造には欠けていた。つまり、建物の外壁や屋根を、外から類焼しないようにするという考え方は日本の木造建築にあったが、建物内部を防火的にするという発想はなかったのである。

それに対して、当時の建設省内の検討では防火性能を改良した木造は、耐火構造のように柱・梁・床など荷重を支える部材などの全てに一定の防火性能を持つ建築物として基準化する方針となった。それは、第一に、木造建築が火事に弱い実質的な原因が、内部構造の火災に対する脆弱性にあることで、それを解決しなければ木造の大規模化や用途的な多様化を防火性能と両立させることはできないからである。また、木造に焦点を絞った新しい防火基準を導入したとしても、その基準を満たす部材や窓・扉などの建築製品の開発が伴わなければ、現実の建築は建たない。新しい防火基準が早く活用されるようにするには、できるだけすでにある基準を満足する部材や建築製品をそのまま利用できるようにした方がよい。それには、すでに市場が出来上がっている耐火建築物用の建築製品を活用できるようにするのが手っ取り早かった。また、この概念は、北米で木造にも適用していた「耐火構造」にも近かった。北米の「耐火構造」は、例えば、耐火1時間なら、1時間の火災加熱に耐えるが、その後は崩壊しても構わないという意味である。その上で、可燃材料（実質的には木材）で構造部材が造られた建築の階数に制限を課していた。

さて、こうして、新しい防火的な構造は、建物各室の可燃物が燃え尽きるまでは構造が崩壊したり、外壁や防火上重要な間仕切り壁が燃え抜けたりしない構造というイメージで基準化されることになった。これが準耐火構造の考え方の原点である。

　準耐火構造は、1992（平成4）年に建築基準法に導入されたが、①については3階建てを上限とし、②については、防火地域、準防火地域で延床面積各々、100㎡、1500㎡までを準耐火構造で建てられるようになった。防火地域の狭小敷地での新築や小規模家屋の建て替えが木造でできるようになり、市街地の多くを占める準防火地域でも、以前よりは大規模な建物を木造で建てられるようになった。

　一方、避難規定については、①、②のように木造で建てられる範囲が広がったことに避難上の有利性が反映されたものの、店舗、ホテル、学校など、避難安全性が背景となって規模や階数が規制されていた施設では、木造の活用範囲は大して変わらなかった。全体として、この法改正は、木造の用途的範囲の拡大よりも都市防災の停滞の打開に傾斜しており、北米の意向とは明らかに違っていた。この点、この時期の木造規制の変化を、単純に北米との貿易摩擦で説明できるとは言えない。

　準耐火構造は、防火法令に位置づけられる木造としては初めて、建物の内部構造全般に防火性能を求めるものとなった。つまり、以前からあった防火構造は、基本的に建物の外壁だけを対象としているのであり、その目的は外部からの類焼防止に留まっていた。防火被覆型の準耐火構造は、一般的な軸組構法では、被覆の施工に多大な手間がかかるだけでなく、接合部などの設計が煩瑣になるというので概して不評であった。構造部材として使われる木材は被覆に隠されて見えないこともあって、導入後、基準の説明に駆け回っていると、木造を多く手がけている建築設計者や工務店主からは押しなべて不満の声を聞かされ、情緒性や審美性に木造建築の価値を見出そうとする人からは非難されたりした。

　こうして法令化された準耐火構造だったが、準耐火構造が世間的に評価されるようになったのは、阪神淡路大震災（1995）の後であろう。

　地震発生後、市街地火災を誘発するような強風があったわけではないが、地

震後数日の間に多数の火災が発生し、消防庁によれば、地震が原因と見られる火災は2,853カ所に及んで、焼失面積の合計は約70haと、戦後、最大規模の火災となった。震災による直接の犠牲者6,343人の約1割は、この火災によると推定された。また、火災が続き、その消防活動に消防署や消防団が活動せざるを得ない中での救助・災害対応活動には大きな困難が生じた。

　大規模な火災が起こったのは、概ね、揺れの大きかった阪神間の海岸に近い密集地区であったが、地震後、次第に、木造建築への懸念が広がり始めた。要約していえば、地震でこれほどの火災が起こるのは市街地の不燃化が徹底していないのが原因だから、市街地では木造は禁止しろ、という主張である。当時、神戸に限らず、密集市街地で不燃化や、指定された地区の条件に合う防火性能の建物への転換が進んでいなかったのは事実で、多くの地域で市街地大火の火種を抱えていたことは疑えない。

　しかし、そこで規制強化して、例えば準防火地域を防火地域に変えるなどということになっても、それまで建て替えられなかった建物が、さらにハードルの高い耐火構造などに建て替わるものでもない。しかも、すでに建っていた木造建築の多くは法令に合わない既存不適格建築物となる。

　すでに建っている建物の増改築や用途変更をするには、基本的にその時の建築基準法に合うようにしなければならないが、仮に木造が禁じられれば、建て替えない限り、法令に合わせるのは不可能になり、事実上、増改築も用途変更もできなくなる。そうなれば、建物は使い難くなって不動産としての収益性も低下するから、維持管理が行き届かなくなって老朽化や防災管理の低下が加速するだろう。だから、木造建築が多い密集市街地で木造を否定するような規制を導入すれば、安全になるのではなく、かえって災害に対する脆弱性を高める可能性が大きい。木造排除論は、耐火構造化一本槍の都市防災対策の行き詰まりの打開策として「火事に強い木造」を開発し、制度化してきた取り組みを一挙に振り出しに戻すような暴論でもある。当時、密集市街地の防災対策の方針には色々な考え方があったが、単純な木造排除論では解決がつかないことは、専門家のほぼ一致した見方だっただろう。

　阪神淡路大震災から半年余りたった1995（平成7）年8月、北海道大学で開催された日本建築学会大会のため、札幌に出張していたところ、泊まっていた

ホテルに建設本省からファックスが送られてきた。何だろうと思ったら、木造でも市街地火災を止められることが誰でもわかるようにする実験を帰京するまでに考えて来てくれ、という。しかも、実験を行うのはその年度内、つまり翌年3月まで。補正予算で実験を行うので、予算説明資料は直ちに作成しなければならないが、以上の趣旨の実験ができるのなら費用の心配はとりあえずしないでいいという。衆議院の建設委員会で、市街地での木造排除論が台頭していたわけである。

　しかし、9月に補正予算要求をしてその年度末までに試験体建物を建てて、火災実験まで終わらせるというのは尋常なスケジュールではない。それまで実験用に建物を建てて行う火災実験となると、予算化を含めれば少なくとも2年度にわたり、実験は最後の年度末になるのが通例だった。半年で実験体制を整えて建物を建て、実験に必要な機材を揃えて実験を完了させるためには、市場に広く出回っている材料、製品だけで試験体建物をつくり、使い慣れた実験機材でできる範囲の測定により、所期の目的を果たせるようにしなければならない。もともと、実大規模の建物の火災実験のための試験体建物は、建設が非常に面倒である。各種のセンサを埋め込んだ部材を使ったり、センサの設置をしながら建物を建てていくためで、それには周到な建設計画と、丹念な施工が必要である。スケジュールの厳しさを考えると、このような試験体建物は、火災実験の経験が豊富な建設チームでなければ建てられるものではない。そこで、当時、三井ホームの役員を退いたばかりだった阿部市郎氏に連絡して、帰京後直ちに相談する段取りをした。阿部さんは、枠組壁工法について準耐火構造の制度化に至る経過を業界で牽引されてきた方であり、1976（昭和51）年の枠組壁工法住宅火災実験以後の枠組壁工法の火災実験のほとんどに関わられて、実験の難しさはよくご存じだったからである。試験体建物の設計や建設の計画は阿部さんに指導をお願いすることにした。

　木造の建物でも準耐火構造なら、市街地火災の延焼を止められるとの期待は、その数年前、準耐火構造の基準を検討していた頃から抱いてはいた。そこで、試験体建物は、基本的に準耐火構造として基準化されていた仕様の部材で建てることにした。厳しいスケジュールのためもあるが、実験で成果が得られて、都市防災対策として木造を活用する制度化を検討することになっ

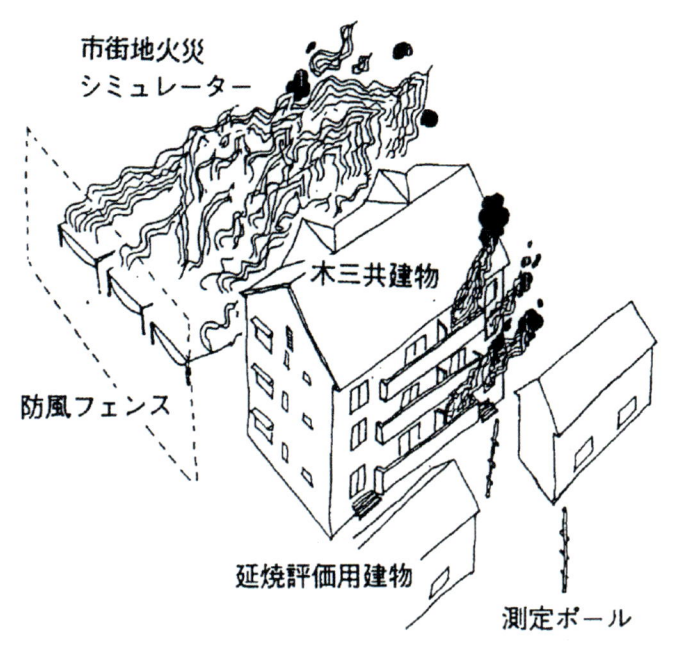

市街地火災
シミュレーター

木三共建物

防風フェンス

延焼評価用建物

測定ポール

図3-9　木造3階建て共同住宅火災実験企画時のイメージ

た場合に、既存の基準をそのまま活用できることになるからである。

　ところで、阪神淡路大震災の市街地火災では、最大で高さ10mを超える火炎が発生していた。そこで、実験では、その高さにほぼ匹敵する3階建ての共同住宅を準耐火構造1時間の性能で建て、その風上側の直近で、阪神淡路大震災の際、密集市街地の火災で見られた大きな火炎を再現して、延焼性状を調べるという実験を企画した。

　窓などのすぐ近くで大火災が起これば、耐火構造の建物でも類焼するであろう。だから、この実験の論点は、準耐火構造の建物自体に延焼するかどうかではなく、さらにその風下の建物に延焼させるのを防ぐことができるかどうかである。そこで、準耐火構造の共同住宅の試験体建物のさらに風下側に、建築基準法上、最低限の防火性能で設計した木造家屋を建て、その建物に延焼するかどうかを検証することにした。共同住宅を模した試験体建物には、地震による外装の損傷を再現するために切れ込みを多数設け、市街地火災の火炎は、油のプールとガスバーナーで再現する計画とした。前述のように、木

造家屋は出火室内が火の海になった後は建物全体が炎上して構造が崩壊し、その後は緩慢にしか燃えなくなる。初期の激しい燃焼を油の炎上で再現し、その後、長時間、やや緩慢に続く燃焼をバーナーで再現しようという考えであった。慌ただしく実験計画案を検討し、建設省内で合意が得られて補正予算要求に至った段階の実験イメージが、図3-9である。

　実験の実施にあたっては、防災の専門家を集めた検討会を設置して実験内容の詳細を詰めていったが、実験結果によっては法改正に至る可能性もあるため、関連省庁からもオブザーバーが参加していた。しかし、検討会では、実験の予想される結果について冷淡な見方が多いことに最初は驚いた。木造でこんな実験をすれば、試験体建物は直ちに炎上して、木造ではどんなことをしても市街地火災に耐えられないことを立証して終わる、というのである。その20年前の枠組壁工法住宅の火災実験の前に聞いたような意見だったが、阪神淡路大震災の火災の印象がそれだけ強かったということだろう。

　実験は、1996（平成8）年3月5日、建築研究所で行った（図3-10）。建物風上側の油プールに点火してから約10分で、共同住宅一階西側住戸の風上側窓を通じて内部に延焼した。火災はその住戸内部で徐々に拡がったが、その上の2階に延焼したのは、建物内の温度データから見て1階居室に類焼してからほぼ80分後となった。そしてさらに約50分後、3階に延焼した。一方、建物の東側では、住戸には直接は延焼せず、3階上方の軒裏から小屋裏に延焼し、点火から約1時間後に3階天井を通じて、3階居室に延焼した。試験体建物は、結局、実験開始から約3時間後、内部に置いた可燃物も、壁の中の木材もほぼ燃え尽きた状態で内部に向けて崩壊して実験は終わった。準耐火構造1時間で設計した3階建ての建物で1階ごとにほぼ1時間の間隔を置いて3時間燃焼が続いたわけで、素朴な見方とはいえ、計算通りになったわけである。

　この実験は、1976年の枠組壁工法住宅火災実験以来、何度も行われた住宅の火災実験が、新しく開発された工法の防火的可能性を追求しようとして行われたのとは、状況が明らかに異なっていた。つまり、この実験は、地震火災を通じて市街地の木造建築に生じた疑問に対して、大規模木造建築でも、現有の防火技術で合理的に設計すれば、市街地火災を助長するようなことはない、という答えを出せるかが問われていた。そういう状況で、火災実験とし

図3-10　木造3階建て共同住宅火災実験（風下側から、1996）

ては過去に例のない過酷な条件に曝された準耐火構造の建築物が確かに延焼防止に有効なことを示したことで、準耐火構造は、逆に高い信頼性を得ることになった。その翌年の密集市街地整備法の施行以降、自治体によっては、準防火地域に指定された密集地区の新築では準耐火構造以上の防火性能を求めるようになったのである。

3-5　伝統木造も火事に強くすることができる

　1995年の阪神淡路大震災では、神戸などの市街地の伝統的な木造建築などにも、地震の被害が生じた。それだけでなく、震源から50km以上離れた京都市内でも震度5を記録し、場所によっては伝統的な木造建築が被害を受けた。この震災で、市街地での木造禁止論が起きたのは前述のとおりだが、伝統木造建築は古いものが多く、老朽化が進んでいたものも少なくなかった。震災を契機として伝統木造への視線が厳しくなったのは否めない。

　震災から約3年後の1998（平成10）年3月、関西の見知らぬ団体からぶ厚い封筒が郵送されてきた。筆者が建築研究所から大学に赴任して、1年近く経った

ころである。開封すると、震災以後、伝統木造の修理や改修の相談にボランティアで取り組んでいる設計者、職人らの団体で、伝統木造の防災性能の研究もしているという。連絡の趣旨は、筆者がその2年前に木造三階建て共同住宅火災実験に取り組んでいたのを知って、木造建築を火事に強くする方法について、京都で開いている勉強会で話してほしいとのことだった。

　伝統木造については、1990（平成2）年前後、準耐火構造の基準を検討していた時に、在来木造、枠組壁工法、プレハブなど、色々な木質工法の部材の防火性能を検証する実験を行っていたが、その一環として、木造真壁による準耐火構造の可能性を探るための実験を企画したことがあった。伝統木造の防火性能を検証する実験は、戦前期に行われた後は、ほとんど行われておらず、伝統木造には、一般的な防火構造に適合するかどうかわからない仕様が多かった。そのことも、法改正を機会に実験が必要と考えた背景だった。準耐火構造の基準づくりのための実験は、実験は政府予算で行うが、実験に使う試験体は業界に製作して提供してもらうという役割分担の共同研究として進めていた。そこで、当時、伝統木造の仕事を多く行っていた工務店などのリーダーに説明に行ったが、交渉は不調に終わって、伝統木造を建築基準法のテーブルにのせることはできていなかった。交渉が不調に終わった理由ははっきりしなかったが、当のリーダーが、伝統木造が建築基準法に適合するはずはなく、準耐火構造など、夢物語と思われていたようだった。しかし、当時、伝統木造が火災に弱いといわれがちだったとはいえ、土壁の延焼防止性能については戦前期に研究され、両面塗り土壁で、60mmの塗り厚を確保できれば防火構造に位置付けられていた。準耐火構造とするには塗り厚を5割増しして90mmとし、柱を燃えしろ設計に準じて設計すれば良いというのが我々の見通しで、それは今から見れば的外れではなかった。

　準耐火構造の導入の頃には、住宅の断熱化も進んでおり、市街地の戸建て住宅に多い防火構造の試験方法の見直しも必要になっていた。その頃の防火構造の試験方法は、戦前期の木造防火研究に基づく加熱条件のもとで（図2-20を参照されたい）、外壁の被覆材を試験体として、その裏面の温度が、被覆の裏側に密着する柱に着火させる温度未満にとどまるかどうかを確認するというものだった。しかし、断熱材が壁に設置されると、その影響が柱に及ぶ可能

性があることや、加熱試験において、加熱開始から短時間に急激に温度が上昇・下降する加熱制御が困難であることが、試験法の見直しが必要になってきた主な背景だった。さらに3-2節で述べたように、防火構造については軒裏の試験法が整備されていなかったことなど長年の課題も溜まっており、準耐火構造の基準づくりは防火構造の法的運用を見直すうえでもいい機会だった。防火性能に関する実験データが少ない伝統木造については、試験方法の転換を機会とする基準仕様の再検討にも困難が予想されていた。

図3-11　木下孝一棟梁[4]

　阪神淡路大震災の後も、伝統木造の防火性能については、実験の不足が原因でわからないことだらけだった。そのため、京都の職人から防火の話を聞きたいといわれた時には、その状況を打開していく手がかりになるのではないか、と思われた。筆者が大学に赴任して1年経とうとしていた頃であり、大学の研究室で学生たちと、どんな研究を進めていくのがよいか試行錯誤していた時だった。伝統木造は、建築研究所では、以上の経緯のように満足に研究できておらず、今後もまとまった研究の遂行は難しそうだったので、伝統木造をテーマの一つにするのも意味があることだと思った。

　そこで、1998年5月、声がかかった勉強会の会場に行ってみると、研究者だけでも、その前から高山市の伝建地区防災計画（4-4節で後述）の委員会で一緒だった上野邦一奈良女子大学教授（建築史）をはじめ、伝統木造の耐震性能の研究者である鈴木有・金沢工業大学名誉教授、鈴木祥之・京都大学助教授（肩書きはいずれも当時）など、錚々たる顔ぶれである。勉強会の中心となっていた宮大工の木下孝一棟梁は北陸出身で（図3-11）、戦災復興期に福井で大工の徒弟をされていた時に起こった福井地震を体験されていた。震度7という表現が使われた最初の地震であり、地震後には大火も発生した。その被災を体験し、大工として復興にも携わった経験から、長い間、伝統木造の防災性能に関心が深く、地震や大火があると現場に駆けつけて自分なりに研究されてきたと

（a）再生前　　　　　　　　　　　　　　（b）再生後

図3-12　京都西陣京町家「蘖の家」の再生（木下孝一棟梁、1999）[4]

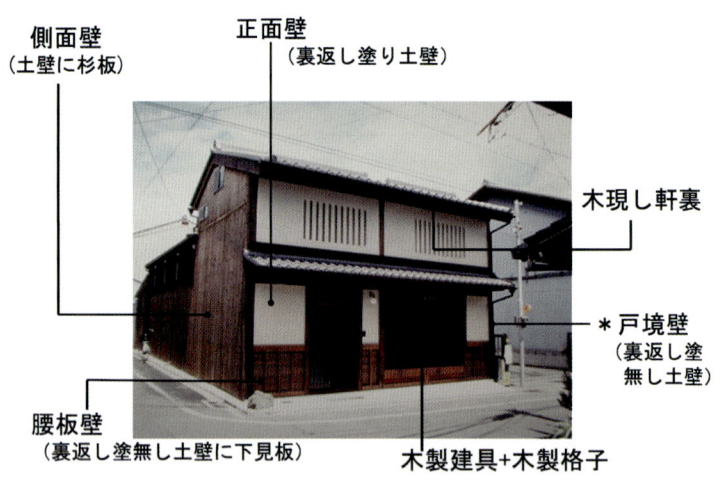

側面壁
（土壁に杉板）

正面壁
（裏返し塗り土壁）

木現し軒裏

＊戸境壁
（裏返し塗
無し土壁）

腰板壁
（裏返し塗無し土壁に下見板）

木製建具＋木製格子

＊戸境壁は一般的には隣家と接近しているため片側施工

図3-13　京町家の一般的法不適合部位（1999年当時）[4]

のことだった。勉強会の際に木下棟梁が発言されていた伝統木造の防火性能の改良の考え方なども、いちいちもっともなことだった。

　勉強会を切り回していたのは、東京の大学で建築を学んで関西で設計活動をされている田村佳英氏、武田真理子氏だったが、その頃から、京町家などの民家の現代的活用の方法を積極的に探る研究会（関西木造住文化研究会）に衣替えし、筆者もそれに参加することになった。その夏、木下棟梁が、この研

究会の支援者の所有で京都西陣に建つ江戸末期創建の町家の復元修理に携わることになり（図3-12）、関西木造住文化研究会では、その仕事を手がかりとして、京町家の耐震性能や防火性能の実証的な調査研究を行ってみようということになった。例えば、耐震性能については、現状で常時微動実測などにより振動特性を把握し、建物解体時に構造部材を調査して、構造補強の方法を検討し、修理後に再び常時微動実測などを行えば、構造の状態と振動特性の関係、構造補強の効果などを実証的に把握できる。

　一方、当時、京町家の活用にあたって直接の障壁になっていたのは、建築基準法の防火規定への抵触であった（図3-13）。木下棟梁が携わることになった復元修理は用途変更も増改築も伴わないので、建築確認を受ける必要はなかったが、防火規制に適合しないことが実際に防火上の弱点になるとしたら、それは、建築確認の必要性とは別に、本来、何らかの解決をしておくべきことである。前述のように、京町家が建築基準法の防火規定に適合していなかった主な理由は、法基準に劣ることが実証されていたからではなく、法基準に適合することが確認されていなかったからである。

　木下棟梁は、復元改修にあたって、市の確認部局に協議に行ったところ、用途変更にも増改築にも当たらないから建築確認はしないと言われたそうだが、そう言われたのを怒るような人物である。建築基準法が安全のための最低条件で、建てようとする建物がそれを満足するかどうかを確かめるのが建築確認ならば、それをしないのは市民の安全のためにならないから行政の責任放棄だというのである。筆者は、それまで、そんなことを言う職人を見たことがなかった。そのうえで、棟梁は、京町家のデータがないから法基準もできていないということなら、実験用の試験体は自分が造って実験室まで持って行くから、研究者はそれで実験したらどうか、とまで言われる。

　京町家の実験データが不足することについては、防火だけでなく、耐震も同様であっただろう。願ってもない申し出であったが、現実には、試験体があればそれでいくらでも実験できる、というわけではない。特に防火性能の確認のための実験では、耐火炉なども必要である。耐火炉の利用や測定に相当の費用がかかるだけでなく、大規模な耐火炉は当時、大都市圏以外にはほとんどなく、土壁の試験体が長距離の運搬に堪えないことも、伝統木造の防

火性能に関する実験を難しくしている要因であった。しかし、耐火炉は、京都から近い吹田市に、建築基準法の規定を満足するかどうかを検証するための試験を行っている日本建築総合試験所が保有しており、それを利用できれば、少なくとも、試験体の運搬の問題は解決できるとの見通しが得られた。

　そこで、防火性能については、準耐火構造としての認定を受けるための試験方法に基づく実験を計画した。法基準との関係だけを考えれば、この実験では準耐火構造よりも性能の低い防火構造の性能が確認できれば十分だったが、前述のように、防火構造の試験方法は当時見直しのさなかであり、当時運用されていた試験方法で実験を行って仮にいい結果が得られたとしても、試験方法の改正後の評価がどう変わるか、見通しが立ち難かった。しかも、当時の防火構造の試験方法では、試験体は被覆材のみであったため、柱が露出する真壁については柱が火災加熱で燃焼して荷重を支えきれなくなったり、壁との間に隙間を生じて火炎が貫通する可能性までは評価できていない点で、現実の火災時に達成すべき性能の確認手法としては改良の余地があった。準耐火構造用に開発された試験では、外壁の断面方向については完全に再現した1階分の高さの試験体で荷重を掛けて加熱実験を行うが、防火構造の試験も、試験方法が見直された暁には加熱に耐えるべき時間は準耐火構造より短いものの、試験体や荷重に関する考え方は同様にならざるを得ないと予想された。また、そのように計画すれば、実験を行って、防火構造に必要な30分の火災加熱に耐えた後も余力があれば、加熱を続けて準耐火構造に必要な45分や1時間の火災加熱に耐える可能性も検討できることになる。

　準耐火構造の外壁の防火性能については、木材を不燃材で被覆した大壁の状態で、在来軸組構法、枠組壁工法、プレハブの標準的な仕様について、準耐火構造の基準導入時に実験が行われ、地震で変形を受けた後に防火性能がどんな影響を受けるかも、木造三階建て共同住宅火災実験の際に検証していた。それらと比較できる実験を行えば、伝統木造の外壁の防火性能の発現の仕方が他の木造とどう違うのかなど理解しやすくなり、仮にこの実験で期待するような成果が得られなかったとしても、伝統木造に関するその後の開発研究に役立つだろうと考えられた。阪神淡路大震災では、伝統木造の家屋で土壁が脱落するなど大きな損傷を受けたものが少なくなかったが、それは、防

火性能が確認された土壁であっても地震で防火性能を喪失し得るということであった。現実に、それまでの多くの地震で、防火構造の木造建築のモルタルが剥落した例が観察されており、関東大震災で大火が起こる前に都心で撮影された映像では、土蔵の土がほとんど剥落している場面も記録されていた。伝統木造の土壁で同じようなことが起こる可能性は十分に予想された。水平加力後の防火性能の検証は、前述のようにモルタル層や乾式工法の不燃材料で被覆された木造については行われていたが、伝統木造については例がなかった。

　もっとも、京町家の防火性能が全く把握できていない状態で、どんな実験をすればよいかは明確になってきても、現実に実験を行うには、火災実験ができる人が終始、立ち会っていなければならない。実験の計画を始めたのは大学に赴任して2年目で、筆者の研究室にはほとんど大学院生もいなかったので、それは大きな課題だった。しかし、ちょうどその頃に、筆者が建築研究所在籍中に、卒業論文や修士論文を指導して、その後、住宅メーカーに勤務していた安井昇さんが相談に来た。会社を退職して、設計事務所を立ち上げることにしたが、特色のある仕事をしていきたいということだった。フットワークのいい人であるし、卒論から大学院修士課程までの3年間で、防火の考え方や実験技術は身についている。京都出身であることも知っていたので、京町家の防火性能の研究で博士論文を書いてはどうか、と提案してみた。

　費用の調達については、建築系の色々な研究助成に応募してみたが、結局、どれも不採択に終わった。審査での評価が低かったほぼ共通の理由は、現代において伝統木造の防災性能を検証する意義への疑問、職業的な研究者ではない棟梁との共同研究であることであった。その審査評を見て、これでは、大学などの研究者が伝統木造を研究しようと思っても費用がかかる実験や実測などできるものではない、とため息が出た。そういうことも、伝統木造を活用する研究が進まない要因だと思わざるを得なかった。

　一方でその頃、研究室では他の活動も始めていた。当時は、汐留、品川、六本木など東京都心のあちこちで大規模な再開発が進み始めていた時期で、そこで計画されていた建築プロジェクトには、防災計画から見て前例のない空間構成や材料の使い方が検討されているものもあった。それは、計画に参加しているゼネコンなどの防災担当者や防災コンサルタントでも解決の方向を

図3-14　製作中の土壁試験体 　　図3-15　耐火加熱実験直前の西陣再生京町家
　　　　　　　　　　　　　　　　　　　　外壁試験体

　見いだし難かったのか、筆者に技術的な相談が持ち込まれていたが、その委託費が残っていた。それを伝統木造の実験の資金にすることにしたが、耐火試験の費用に加えて測定用消耗品の調達、試験の協議や試験体へのセンサの取り付け、実験の実施にかかる旅費全部を賄うには、それでもまだ不足した。それで耐火試験については、試験の実施をお願いした日本建築総合試験所に、伝統木造の載荷加熱試験など前例がないのだから、初期投資と思って人件費などは勉強してくれとお願いして引き受けていただくことができた。これで何とか、木下棟梁の志を現実にする見通しが立ったわけである。

　木造壁の実験は、復元修理で使おうとしている大壁の他、もっと実用的な場面での活用を考えた仕様の二通り行うことになった。前者は、123mm厚の土壁で、柱は屋内側には露出するが外部には露出しない土蔵造のような構成であり、後者は通常の真壁の外側にラスモルタル層を、通気層を介して設置する構成である。試験体は、壁が地震の影響を受けない場合と受けた場合を比較するため、二体ずつ作成し、防火性能に対する地震の影響については、準

耐火構造の外壁に関する実験と同様、最大変形角1/100radの水平加力試験を行ってから加熱実験により検証することにした。耐震性能については、近畿大学の実験施設で、前出の鈴木有教授と近畿大学の村上雅英助教授（当時）が剪断耐力試験を行うことになったので、試験体は、その実験用と併せて、木下棟梁が、工房の近くの空地で自ら指揮して製作された（図3-14）。左官は当時独立して京都に仕事場を構えたばかりの久住誠さんで、木下棟梁が数寄屋などの工事をする時のチームで試験体製作に取り組まれたことになる。

　実験の実施は、2000（平成12）年春となった（図3-15）。耐火加熱実験は上記のように2仕様、2条件ずつ合計4回、日を変えて行ったが、試験所が京都に近いので、土壁の施工や修理に関わっている工務店、左官職人から、設計者、行政までから大勢が見学に来た。そして、実験の結果は次のように伝統木造や土壁に関するそれまでのイメージを覆すものとなった。

①全体を土壁とする復元修理仕様の実験では、水平加力を与えない状態では、耐火加熱1時間を超えた時に、試験体を耐火炉に取り付ける際の隙間を埋める耐火ガスケット（耐火1時間）が崩れ、火炎か噴出する危険が生じたため、加熱開始から68分で実験を停止した。その後に実施した水平加力後の試験体の実験では、その反省から耐火ガスケットを二重張りしたが、加熱開始後約90分で同様に耐火ガスケットが崩れ始めたため、実験を停止した。いずれの実験でも、実験停止時の壁の裏面側の温度は100℃前後であり、火炎が貫通するような隙間や荷重による大きな変形も見られなかった。
②ラスモルタル層で強化した仕様では、水平加力のない場合で61分、水平加力を与えた場合で51.5分の加熱後に変形が進んだため実験を停止した。

　近畿大学で行っていた水平加力試験でも、高い耐震性能が確認されており、全体として、伝統木造の防災性能の可能性に関する見方を一変するものであった。この2、3年後には、土壁の防火性能、耐震性能に関する研究への取り組みが増加するようになったが、この時の実験以前には、実証的な実験が極めて少なかったのだから、この時の実験で非常に高い防火・耐震性能が確認されていなければ、後続する研究が始められることはなかっただろう。

ところで、最後の耐火加熱実験の後、実験場に居合わせた人たちに実験結果の説明を行ったところ、見学者の中から、実験が、伝統木造への偏見を覆す結果になったのは素晴らしいが、京都の普通の町家ではそれほどの内容の壁にはできないから、一般的なコストでできて防災的に信頼できる仕様ができなければ京町家の問題は解決できない、という意見があがった。木下孝一棟梁は、数寄屋棟梁の中でもスーパースターのような人なので、誰でも木下棟梁のような仕事ができるわけではない、というのである。意見の主は、後に京都府建築工業協同組合理事長となる木村忠紀棟梁だった。

　それまで、伝統木造が防災的に脆弱なのは仕方がないと思われていたのが覆されば、それに続いて、法令上の準耐火構造、防火構造などに適合する仕様をどう整備していくかが課題となってくる。木村棟梁は、そのための研究開発が必要であることを指摘していたのである。木下棟梁との実験は、木下棟梁が長年、考えてきた土壁の防火性能や耐震性能の強化の方法の検証のようなものであったが、木村棟梁が指摘するような一般的な工務店で使われる標準仕様の開発が目標となると、京町家が建てられている色々な条件に応じた多様な仕様の開発が必要である。それには、土壁を構成する色々な要素が防火性能にどう影響するかを系統的に把握するところから始めなければならない。そのため、土厚、下見板などの有無、塗り方、柱などの樹種などの要素が防火性能にどう影響するかを小型の試験体で確認してから、実物大の試験体で性能を確認していく研究計画を立てて、木村棟梁が所属する京都府建築工業協同組合や京都左官協同組合と共同で開発研究に取り組むことになった。小型試験体とすることにしたのは、伝統木造の防災性能に関する研究には、実験などの費用が現代の木質工法以上に費用がかかるので節約の必要もあったが、土壁の仕様が、京町家で建築基準法上、防火構造とする必要のある条件で使われる範囲だけでも極めて多様で、それが防火性能にどう影響するかを系統的に検証するためには、多数の実験を効率よく行っていかなければならなかったからである。耐火炉については、たまたま京都大学木質科学研究所（現、京大生存圏研究所）に、小型の壁試験用の耐火炉があり、研究テーマに関心を持っていただけた石原茂久教授や川井秀一教授（肩書きはいずれも当時）の厚意で、それを利用できることになった。実験の遂行については、再

び、研究助成に応募したが、この時は、木下棟梁との実験とその成果が実績として評価されて、何件かの研究助成を受けることができ、2001年には小型試験体の実験を計画通り進めることができた。

　ところで、実験を行っていた京大木質科学研究所には、林野庁の職員が時々、訪れていた。たまたま、耐火炉のある実験棟の前を通りかかって、実験で使った試験体の残骸をご覧になった林野庁の方が関心を持って、趣旨を尋ねてこられた。そこで、小型試験はほぼ完了して次に実大実験を行えば、伝統木造による防火構造や準耐火構造の仕様が多数、明らかになると説明したところ、林野庁の助成に応募するように勧められた。研究助成ではなく、木材活用・木造系の民間団体が市場を開拓するための助成なので、京都府建築工業協同組合が申請者となって応募したところ、実大規模の実験を系統的に行えるようになった。防火規制を受ける部材を実際に建築に使うには、建築基準法告示による仕様とするか、国土交通大臣認定を受けた仕様とする必要がある。この段階での方針は、防火構造や準耐火構造に認定され得る仕様を明らかにしたうえ、組合が所属する全国組織である全国中小建築工事業団体連合会（全建連）が国土交通大臣認定を取得して実用化することであった。

　また、林野庁助成事業では、京町家の外観を特徴づけている化粧軒裏についても、防火構造や準耐火構造とするための研究を行うこともできた。軒裏は、建築基準法制定当初から、準防火地域などでは類焼防止性能が求められていたが、戦前期の木造防火研究では軒裏を対象とする研究がされていなかったこともあって、具体的に何が必要かについては不明な点が多かった。京都市では、建築基準法制定以来、外壁のように軒裏の表面を覆う材料の裏面で木材に引火しないようにする必要があると解釈して、防火構造の軒裏は不燃材料による被覆が必要であるとしていた。建築基準法の性能規定化の一環として、防火構造の要求条件も性能的に見直しが行われ、1998年には防火構造は、建物近傍で火災が起こった時に建物内部への類焼を防ぐことができる建築部材として再定義されていた。そのため、外壁から突出する庇や軒が火災で燃焼すること自体は法規制対象ではないとして、軒裏から外壁内部や建物内部に延焼しなければよいことになった。準防火地域における類焼防止規定が、個々の建物間の火災損害の拡大防止そのものを目的とするのではなく、市

街地火災防止のためであることをより明確化したわけである。しかし、筆者らが京町家に取り組み始めた頃には、軒裏を木質化した時に屋根や外壁との関係をどうすれば内部への延焼を防げるかははっきりせず、建築基準法告示にも、木材が表しとなる防火構造仕様は存在しなかった。

　こうして、京町家に特徴的な外壁や軒裏については、建築基準法上、防火構造や準耐火構造に位置づけられ得る仕様がいくつも明らかとなり、実際にその一部は、全国中小建築工事業団体連合会（全建連）が準耐火構造としての大臣認定を取得した。この経過は、当時、都心再生を政策課題とし、京都などの歴史的都市の都心では伝統的仕様の建築の活用方策を検討していた国土交通省にも注目されて、伝統木造仕様による外壁、軒裏などの防火構造、準耐火構造の告示整備のための実験に予算を配分していただけることになった。これらを背景として、2004年には、建築基準法の壁・軒裏の防火構造、準耐火構造の告示に伝統構法に適した仕様が多数、追加された。

　この告示が、短期間に最も広い影響を与えたのは、準防火地域に建つ木造建築の軒、下屋などのデザインであろう。軒裏で防火構造以上の性能が必要な場合は、不燃材料で被覆するのが通例だったが、この時、追加された告示仕様は、特に歴史的仕様に限っていなかったので、木材の板だけで軒裏が構成されるような仕様の建物が準防火地域に多く建てられるようになった。

　以上のように、京町家の防火性能の検証や、立地・用途・規模などに応じて要求される防火性能を満足する仕様を開発するための開発研究に着手してから法改正まで約5年と、大変効率のいい経過をたどることができた。政府の政策との一致など幸運な背景もあったが、小型試験体を使った実験から目標とする性能を満足する実用的な仕様の開発までの経過は、その後、筆者の研究室で、具体的な目標が不明確な段階から実用化までをつなげていく研究開発プロセスのモデルとなった。

　つまり、「今はできていないがこのようなものが必要」という実務者の声や、「今はできていないが原理的にはこんなことができるはず」という研究の現場の考えを実務者と研究者の間で交わし、取り組んでみる価値がありそうだとなったら、まず費用があまりかからない小規模で原理的な実験などでその実現可能性を検討する。その実験から、具体的に目指すべき開発目標が望見で

図3-16 伝統木造仕様の準耐火構造モデル

き、研究開発の筋道が描けるようになったら、次に、やや大型の研究助成によって目標の一部でも達成できるような研究開発を行ったり、効率的に研究開発を進める手順を明確化するための研究を行う。その結果をもとに、最後に実務者が主体となって、多様なニーズに応えられる実務的な成果を開発する、という手順である。

　その後、伝統木造については、このような取り組み方で、歴史的な京町家の防災改修に適した化粧軒裏や戸境壁の防火構造仕様、寺社建築に適した木造軸組の準耐火構造仕様を明確化することができた（図3-16）。京町家の防災改修にこだわったのは、2004（平成16）年に建築基準法告示となった化粧軒裏や戸境壁の仕様には、新築では問題なく使えても、制約の多い既存の町家の改修には不向きな点が多く見つかったからである。また、伝統木造でも準耐火構造ともなれば、大規模建築に使われることになるが、地震で防火性能が低下すると大火災になる可能性も考えられたため、壁の防火性能に対する地震の影響も検証した（図3-17）。その結果、準耐火構造仕様になれば土厚が大きく、壁土の木舞への付着を頑健にすれば大地震後でも防火性能は大して低下しないことなども判明した。2004年の建築基準法告示以後、こうして開発した仕様の一部は、国土交通大臣認定を受けて実用化できたが、建築基準法告示となったものはない。その理由は、特定の地域に特化した仕様の告示化は、建

水平加力試験 ➡ 載荷加熱試験

図3-17 準耐火構造仕様の土壁の大地震後の防火性能の検証実験
大型施設、3階建てなどに向けて開発した準耐火構造クラスの土壁

築基準法に関する政策的課題が多い中では、優先度が低いということであろう。建築基準法告示にならなくても認定を受ければ実用化はできるわけだが、認定を受けるには改めて試験を行って性能評価を受ける必要があり、それには試験体の製作費なども含めれば一件、数百万円もかかる。開発した企業が独占的に使うのならともかく、伝統木造は、基本的に、特殊な製品や材料を使わないオープン工法であり、もともと、企業が独占的に活用することが望まれているわけでもない。一方で、せっかく、地域の期待に応えて法適合し得る仕様を開発しても、法的な仕組みが原因で実用化できないとなると、歴史的建築物を活用していこうとする気運は削がれていってしまう。

　困ったことだと思っていたら、2014（平成26）年4月、国土交通省住宅局建築指導課長より各都道府県建築行政主務部長あてに、建築基準法に適合しない歴史的建築物の活用を促進する趣旨で、技術的助言「建築基準法第3条第1項第3号の規定の運用等について」が通知された。建築基準法には指定文化財などを対象に法適用を除外する条件を定めた条文があるが、ここで言及されている規定は、自治体の条例で定められたものも適用除外の対象となり得るというものである。法適用除外といっても、具体的には、本来、建築確認を行う地方公共団体（特定行政庁という）の建築審査会の同意を得る必要がある。京都市は、この助言に基づいて、建築基準法制定前に建てられた京町家全体を建築基準法適用除外し、建築審査会の同意が得られる基準（「建築審査会の包括同

意基準」という。以下、「包括同意基準」と略す）を設定して、それを満足すれば、本来、建築確認が必要な増改築や用途変更を可能とする方針を決めた。歴史的建築物の活用にあたって建築基準法の適用除外が行われた例は他にもあるが、いずれも、個々の建築物について審査を行って同意の判断がされたのであり、建物の所有者らが予め、どんな条件なら建築審査会で同意が得られるか、見通しがついていたわけではない。予め、同意が得られる基準を公開するのは、京都市が初めてであり、本書執筆時点では、京都市が唯一である。

　京都市内に京町家が多く残っている地区は同時に密集市街地でもあることが多いので、建築基準法適用除外といっても慎重に運用されているが、少なくとも法と同等の防火性能が実験などで検証されている計画手法や部材仕様は、この包括同意基準に含まれることになった。

　京町家の建築基準法適用除外は、2017（平成29）年度より制度運用が始まったが、対象は歴史的建築物だけとはいえ、実質的に、建築物の基本的な基準が、全国一律の建築基準法から地方自治体に移される画期的な出来事である。

　歴史的建築物の活用において予想される条件の多様性に対しては、まだ、メニューが不十分というのが実情であろうが、京都に限らず、地域の歴史的建築物や建築的伝統を将来に継承していく経路を開いていくためには、この取り組みに成功してもらわなければならない。

3-6　現代の都市を木造でつくっていくには
──性能規定化の先の木造建築技術

　密集市街地を木造で火事に強くしていくという考え方は、1997（平成9）年の密集市街地整備法によって制度的に裏付けられ、密集市街地の地域防災対策に大きな影響を及ぼした。大都市の密集市街地の多くでは、その後、新築は、規模に関わらず準耐火構造以上の性能が求められるようになったからである。

　それ以前から、密集市街地で延焼を食い止めることのできる建築物の割合が増えると、地震などで消防活動ができないまま延焼火災が起こったとしても、止めどなく延焼して大火にまで発展するようなことはなくなってしまうことは理論的にわかっていた。密集市街地の中には、その後、準耐火構造以

上の建築物が占める割合が増えて、理論レベルでは大火が起こらないレベルに達したり、それに近づいた地区も現れるようになった。そのような地区では、大地震などで火災が起こったとしても、被害が広がる可能性のある風向や出火場所が自ずから限定されることになり、その制圧に有効な消防設備の配置や消防戦略を立てやすくなる。それによって、地震火災のリスクをさらに軽減することができるだろう。無論、それでも密集市街地では地震に脆弱な建物が多い以上、大地震時には膨大な被害が発生する可能性は大きいのだが、火災がどう拡がるか見当もつかないような状況でなくなれば、取り残された人の救出や避難の支援、二次災害の抑止も遙かに容易になるだろう。

一方、21世紀に入って、木造については、それまではコンクリートや鉄が代名詞だった耐火構造が木造で実現したり、準耐火構造の階数や延べ床面積の制限を変える法改正が行われるようになったりしている。

戦後の都市防災戦略における木造建築の基本的な考え方は、木造は火災の制御が困難で、消防活動や避難にも困難があるので、規模や階数を制限して建物間の延焼防止だけを確保するように建物外周部を護る、ということであった。それを踏まえて、21世紀に入って進み始めた木造の活用範囲の拡大を見直すと、それは、要するに、防災法令が耐火構造に求めてきた火災安全性を、木造でも実現できるようになったということである。この流れの延長上には、都市建築全体を木造化できるという可能性も垣間見えてこようが、このような流れがどのような背景で成立したかを見直してみよう。

21世紀に入ってからの木造の活用範囲の拡大の底流にあったのは、1990年代に進められた火災安全に関する法基準の考え方の見直しである。

防災法令は、基本的には、受け入れ可能な火災危険のレベルを想定して、そのレベルに耐えられる建物だけを建てられるようにする、という仕組みになっている。そして、建築材料や部材を、そのレベルから見て使用可能なものと使用できないものに区別して、具体的に示すような規制のあり方を「仕様規定」といい、達成しなければならない性能を数字などで表してそれを満足するかどうかで判断する法規制のあり方を「性能規定」という。

仕様規定は、建築で許されることが具体的に示されているので誰にでも分かりやすく、内容の解釈に違いが出る可能性も低いことが利点である。建築

基準法の防火規定は、1950（昭和25）年の制定時には、ほぼ完全な仕様規定であった。戦前の市街地建築物法は大都市の中心部しか対象にしていなかったが、建築基準法は全国を対象としたから、それまで、建築行政など、事実上、存在しなかった自治体まで、その運用体制を整えなければならなくなったわけである。建築基準法制定当初は、前述のように建築学科のある大学も少なく、建築の高等教育を受けた人材はごく限られていたから、法規制も、そのようなやり方でなければ使い物にならなかったであろう。しかし、高分子材料の利用などを背景に建築材料が多様化したり、建築の構造、構成などの複雑化や大規模化が進むと、使用可能な材料や工法などをいちいち具体的に示すというやり方では現実に追いつかなくなり、次第に、材料や工法については、実験室の試験により使用できるかどうかを決める方法主体に変化し、耐震性能や避難施設の配置については計算で妥当性を検証するようになっていった。その経過で、実際の建物で起こる災害性の現象と試験や計算で得られる評価とを工学的に関係づける取り組みが進んでいった。その行き着く先に、性能規定化があったといってよい。建築の火災安全の工学的方法論の追求と基準の性能規定化への流れは、国際的には1970年代に始まり、1980年代以降、まず、煙制御や避難計画において計算による設計・評価の実用化が進んだ。

　耐火構造は、仕様規定を背景に、長い間、コンクリートや鋼材のような不燃材料で造ることを前提にしていた。それが、1990年代に法基準で求めている性能の明確化が進められ、耐火構造の基本的な考え方は、火災が自然鎮火した後も構造の自立が損なわれないこと、ということになった。その条件を満足すれば、材料は不燃材料である必要はなく、法制度上、木造による耐火構造も可能になる。このような建築基準法改正が1998（平成10）年に行われ、2000（平成12）年から施行されたのである。

　性能規定化された耐火構造の条件を木造で満足するには、例えば1時間耐火構造なら、耐火加熱試験で1時間の加熱の後、試験体を荷重をかけたままそのまま放置して、荷重を支えている木造部分に燃え進まずに自然鎮火すればよい。準耐火構造は、所定の時間、耐火加熱試験に耐えさえすればよかったが、それに比べるとこのハードルを超えるのは、技術的にはなかなか難しい。法制度上、木質耐火構造が可能になったといってもなかなか開発は進まず、部

図3-18　耐火被覆による木質耐火構造壁
1時間耐火（強化せっこうボード2枚被覆）

材として、耐火構造の性能が確認されても、それを組み合わせて建築にするためのハードルはさらに高かった。

　このため建築研究所が中心となって、木質耐火構造のプロトタイプを開発する官学民プロジェクト「木質複合建築構造技術の開発」が、性能規定化に向けた建築基準法改正があった翌年の1999（平成11）年から5年間にわたって推進され、①荷重を支える木材を強化せっこうボードなどの不燃材料で被覆する方法（不燃被覆型木質耐火構造、図3-18）、②荷重支持は鉄骨に任せてそれを木材で被覆する方法（鉄骨内蔵型耐火構造、図3-19）、③木材を、燃焼が持続し難い樹種の木材や難燃処理した木材で保護する方法（燃え止まり型木質耐火構造、図3-20）により、耐火構造が実現し得ることが示された。②は、鉄骨造といった方が妥当だが、木材は、鉄骨に対しては断熱材の役割を果たすとともに、日常的には鉄骨の座屈防止に寄与する役割を期待されている。

　このプロジェクトの後、木質耐火構造による建築物を最初に実用化したのは、枠組壁工法で、技術的には、上記の①の考え方によるものであった。鉄

図3-19　鉄骨内蔵型木質耐火構造の柱

(a)荷重を支える木材を
難燃処理した木材で保護している

(b)耐火加熱実験後の試験体。
中央部は燃えずに残存している

図3-20　燃え止まり型耐火木造

骨造による耐火構造も、不燃断熱材料で鉄骨を被覆して火災加熱から護っているが、その考えを木造に適用して、木材が火災加熱で引火しないように耐火被覆の性能を設定したといってもよいだろう。その後、同じ考え方で、柱・梁で構造を造っていく在来軸組木造による耐火構造も開発・実用化されたが、枠組壁工法と在来軸組木造の耐火構造の認定は、特定の企業によってではなく、各々の構法を手がける業界で構成する団体によって取得されたため、全国の多数の設計者・建設事業者が利用することとなった。②による木質耐火建築物も2005（平成17）年には実現した。③は技術的には最も実用化が困難だったが、2013年に初めて建築物として実現し、本書執筆時点では、免震構造と

図3-21　銀座に建つ木造ペンシルビル
枠組壁工法であり工事に重機を必要としないため、狭い敷地でも建ぺい率を
有効利用でき、使いやすい平面が可能に。密集市街地に多い軟弱地盤でも建設可能

したうえ、高さは31m級の建物が計画されている。

　木質耐火構造が実現した頃は、木質耐火構造は、建築平面などが同様なら鉄骨造よりも建築物本体は高額になるので普及しないという見方も強かったが、木質耐火構造を活用した建物は2018（平成30）年までに枠組壁工法によるものは3,600件を超え、在来軸組木造によるものは約3,000件に達した。軽量で、地盤への負担が小さく、工事に必要な重機なども節減できることは木造の大きな特徴で、木質耐火構造が実用化されて間もなく、主として地盤の軟弱な敷地に建つ低層大規模建築などに安定した市場を形成したことになる。

　都市防災という観点からは、木質耐火構造の実用化によって、大火を防ぐための強力な建築メニューがまた一つ、増えたことになる。つまり、木造密集市街地の大火リスクの軽減がなかなか進まなかった技術的な理由は、主に3-2節で述べたように、道路や敷地が狭隘だったり地盤が軟弱で、鉄筋コンクリート造や鉄骨造では手頃な建築が建てられなかったことだったが、木造の

耐火構造が可能になったことにより、密集市街地の狭小敷地で、付加価値の高い耐火建築物への建て替えが可能になったのである（図3-21）。

　なお、木造大規模建築に対する関心は、21世紀に入った頃から世界的に拡がっており、北米やヨーロッパでは、すでに高層建築の実現例もある。日本はそれに立ち後れていると見られることがあるが、3-4節で述べたように、北米などで耐火構造とされる構造では、日本の準耐火構造同様、火災後の構造部材の自然鎮火の確実性（自消性）や自立は求められておらず、技術開発のハードルが日本の耐火構造ほど高くないためである。日本で、構造部材の火災後の自消性や自立が必要な耐火構造の規定を設けているのは、大地震などで消防力が機能しない場合に火災がいつまでも続いたり、建物が倒壊して破局的な被害が生じるのを防ぐためだが、翻って、北米やヨーロッパの木造高層は、高層階で火災となっても消火できることを前提に成り立っているということになる。ただし後述するように、建物が高層になれば、構造部材自体が燃焼するような構造の消防活動は困難になり、消防活動後に残炎がないかどうかの確認も困難になる。こうした困難を克服できる消防技術や建築工法上の工夫が整備されて初めて、北米・ヨーロッパ流の木造高層は、破局的な被害リスクを免れることができるのではないだろうか。

　一方、準耐火構造により建てることができる建物の規模、階数などの範囲も、2010年代半ば以降、法令改正により拡大し始めた。その政策的な背景は、2010（平成22）年に制定された公共建築物木材活用促進法をはじめとする木材活用促進政策である。その一環として、2011（平成23）年度からの3年間にわたり、それまでは耐火建築物とする必要があった3階建て学校を、準耐火構造で建てた場合の火災安全上の課題やその解決策を検討する事業が国土交通省予算により行われた。3階建て学校とは謳っていたが、実質的には、教室程度の大きさの空間で構成される建築一般を木造化する際の防耐火的可能性を追求するプロジェクトだったといってよいだろう。3階建ての学校仕様の木造建築を実際に建てて、火災実験を行うという取り組みを3回行い、それを通じて、大規模木造建築の防火基準の検討を進めた（図3-22）。このような大規模な火災実験を行った理由は、住宅について1976（昭和51）年から80年代にかけて火災実験が繰り返されたのと大きくは違わない。建物は、柱や梁、壁などの部材

図3-22　木造3階建て学校火災実験(準備実験、2012)

を組み合わせて造られるが、建物全体で火災時にどのような振る舞いをするかは、単純に部材の性能の組み合わせで予測できるとは限らないからである。住宅や共同住宅については、1980年代から1990年代前半における準耐火構造の制度化の経過で、準耐火構造のレベルの建物なら、部材の防火性能から建物全体の火災時の振る舞いを大きな誤りなく予測できるようになっていた。しかし、学校のように、住宅に比べて居室の単位が大きく、個々の柱や梁の荷重が大きい建築については未知な点が多かった。

　この事業の後、主として準耐火構造による木造に関する防火規制の見直しが進められるようになった。例えば、それまで準耐火構造以下の建物では延べ床面積に3,000㎡の上限があり、学校などの用途の施設は2階建て以下に規制されていた。しかし、2015年の建築基準法改正により、延べ床面積の上限は火災規模が3,000㎡を超えないようにすることを条件に廃止され、学校などを3階建てにすることも可能となった。次いで、2018年の法改正では、それまで4階建て以上の建物は耐火建築物とする必要があるとしていたのを、火災による倒壊危険の抑制を条件に耐火建築物でなくとも建設できるようにした。

その分、防火的な補強が、それまでの準耐火構造よりも厳しくなるが、必要な防火的保護は、5、6階建てまでは耐火構造には及ばないだろう。

この法改正も性能規定化の流れの中にあるといえるが、1998（平成10）年の建築基準法改正における性能規定化の具体的な内容は、もともと建築基準法にあった耐火構造などの概念がどんなものかの説明を、仕様の掲示から性能的な表現に書き換えるということだった。その結果、耐火構造については不燃材料でつくるという材料限定的な表現が除かれて、達成すべき性能で規定するようになり、木質耐火構造は、それによって可能になったのだった。

それに対して、木造に関する2010年代後半の法改正では、建物に必要な防火性能を避難、市街地防災、建物の倒壊による危険の回避などの要素に分け、オールマイティの耐火建築物の下に、準耐火構造に基づきながらも、何か一つ、それより防火性能が秀でた要素的防火性能を持つ建築を位置づけている（図3-23）。つまり、2010年代後半の性能規定化は、それまでは、必要な防火性能がある水準を超えると、耐火構造しか選択の余地がなかったのが、「計画内容に必要な防火性能だけ耐火建築物レベル」というメニューを用意して、防火的に高品質の建物が法的に評価される幅を拡げたことになるのである。

こうして、かつてRCや鉄骨造が独占していた中層建築、大規模建築などに木造の可能性が開かれてきたが、その上にどのような建築を実現できるようになるのだろうか。

木質耐火構造は、RCや鉄骨造よりも軽いという特徴を活かして、重機を使い難い密集市街地や軟弱地盤に建つ低層大規模建築などにマーケットを確立し、その結果、低層市街地の都市防災の行き詰まりの打開にも貢献してきた。海外には、既存の鉄筋コンクリート造ビルの上に木造を載せてさらに高層化する増築も実現しているが、それも軽量の木造のなせる技だろう。それは単純に、鉄筋コンクリート造や鉄骨造に比べて基礎などへの負担が小さくて、地上から離れた高さでの工事も容易だから、というだけの理由によるわけではない。工期が短く、増築工事中、既存の下層部への工事の影響が小さいため、下層部はそのまま使いながらの大規模な増築も可能なため、増築工事による建物入居者の事業の中断を防ぐことができるからである。東京都心などでは、容積率が緩和されて高層化がますます進む再開発が行われているが、同じよ

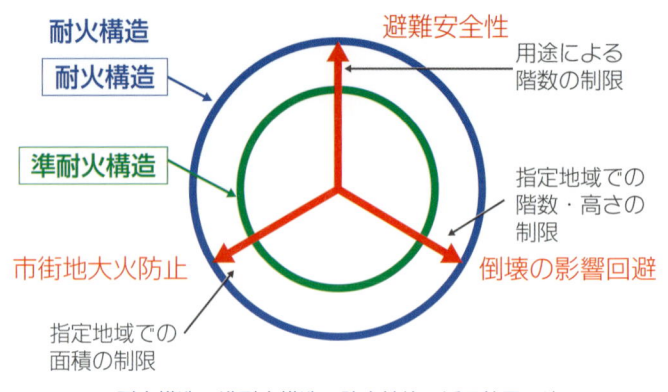

(a)耐火構造と準耐火構造の防火性能と活用範囲の違い

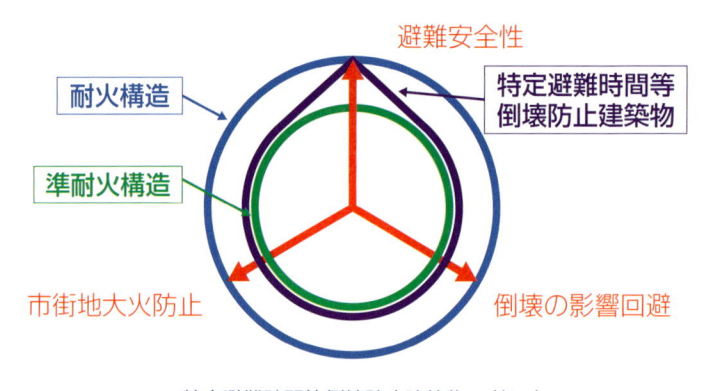

(b)特定避難時間等倒壊防止建築物の考え方

図3-23　高度化する性能規定化と木造建築

　うなことは世界中の大都市で起こっている。その多くは、既存の建物を建て替える再開発となって、ストック活用にはなっていないが、木造による増築ならば、都心における建築ストック活用上の障害となりがちな多くの課題を回避できるかもしれない。日本では現在、人口減少が始まっているが、世界的には人口が増加している地域は多く、大都市への人口集中が進む地域もある。こうした地域で、都市の人口集中を受け止めるには、高層化は避けられず、既存建築の増床を含めて、それを可能にする手法の整備が重要な課題と

図3-24　"The City above the City" 木造による既存建物の上方増築[5]

なっていくだろう。図3-24は、木造を中高層建築に部分的に活用することによる都市問題の解決への取り組みの可能性を探る目的で、2016（平成28）年にThe City above the City（都市の上の都市）と題して行われた国際競技設計の周知に使われた概念図で、既存の建物を使いながら、その上部を木造で増築する場面が描かれている。

　新築の場面でも、木造中層建築が建ち並ぶ都市景観など、これまで無機的になりがちだった都市空間とは異なる魅力ある都市と建築が生み出されることを期待したい。

　一方で、これまでは特殊な建築物と考えられてきた大規模木造や木質中高層ビルが普及していくうえで克服すべき課題も多い。木材の魅力と裏腹なのかもしれないが、樹種が多様で、構造部材も一般製材から集成材、CLT材などの工業生産材までの多様性があって、構造設計や防火性能評価に関わる技術データの整備が容易ではないこと、大規模建築に使われるような大断面の木材については寸法などの標準化が停滞し、部材の供給が不安定であることなどは、その典型である。しかも、木材は、高温では分解・燃焼し、木造の

(a) 上部から湯気が立ち昇っている

(b) 1階部分。床は抜けており上部の2階床も一部脱落している

図3-25　木造3階建て学校火災実験（本実験）　実験翌日の試験体建物

力学的挙動や火災時の挙動は、鉄筋コンクリート造や鉄骨造に比べて格段に複雑で、まだ解明できていないことも多い。また、木造建築の活用範囲は、法基準の性能規定化を通じて拡大が進んできたが、災害について、建築で対策を考えておかなければならないことは、本来、法規制の範囲だけのことではない。例えば、火災が起こった建物で、直接、被災していない部分では仕事を継続できるのか、また、火災の後、建物を再利用できるのかなどについては法令では何も規定していないが、実際に火災が起これば重要な問題である。さらに木造、特に準耐火構造以下の木造建築は構造部材も火災で燃焼する可能性があり、消防活動の負担は不燃構造よりも大きくなることが多い。図3-25 (a)、(b) は、前述の3階建て木造学校火災実験の実験翌日の試験体建物の様子だが、実験終了直後に消火したにも関わらず、建物からはまだ湯気が立ち昇っている。火炎が被覆された壁体内部に侵入して内部で燃え続けているのを外部からの放水では消火できていないためと推定されるが、建物内部の床は、火災と放水で部分的に脱落するなど、火災が続いた階やその直上階では、火災鎮圧後も消防隊が容易には活動に当たれる状態ではない。壁体内で燃焼が続いたと推定される状況は、さらに数日続いた。結局、自然鎮火には至ったが、常にそうなるとは限らない。建築構造による消防活動の難易は、防災法令で特に規制されているわけではない。しかし、建物の階数が増えればこうした困難はさらに増大すると考えられ、木造の大規模化・中高層化が進めば消防技術や消防戦略・戦術の見直しも必要になるであろう。

　大規模木造や木造中層建築が普及に向かって、鉄筋コンクリート造や鉄骨造と比較されるようになれば、以上のような問いにも答えていかなければならない。木造に関する法規制の性能規定化は木造の防火性能の原理的把握の前進によってもたらされたものだが、それをもとに木造の可能性を広げていくためには、木造建築について、さらに意欲的な研究開発や実践的な技術の蓄積に取り組んでいくことが必要であろう。

参考文献・引用文献

1) 山下邦博：酒田市の大火における延焼状況Ⅱ，火災，第27巻第3号，1977，p43図12。グラフは、長谷見雄二：火事場のサイエンス，井上書院，1988
2) 中村賢一・最上浤二：構造用集成材の耐火性能実験，建築研究資料，第56号，1985，図36
3) 木の建築フォーラム大規模木造体育館火災調査団（長谷見雄二・鍵屋浩司・北後明彦・宮武敦）：大規模集成木造体育館の火災調査，日本建築学会技術報告集，第17号,2003,写真1,写真3
4) 関西木造住文化研究会
5) Metsä Wood 国際設計競技 "The City above the City"（2016）のホームページ

4章

災害に強くない建物で
防災都市をつくるために

　日本列島は、有史以前から、豊かな自然の恵みを享受してきたが、一方で、地震、台風、豪雨、豪雪、津波など、近代化を達成した世界では他に例がないほどの自然災害を繰り返し経験してきた。日本近代の建築工学や都市計画、国土計画は、自然災害との戦いという性格があったことも疑えない。濃尾地震 (1891)、関東大震災 (1923)、函館大火 (1934)、伊勢湾台風 (1959) などは、日本の国土・都市・建造物の防災対策を基本的に方向づけたが、建築や土木における技術の研究開発や先端的なまちづくりの取り組みが、こうした大災害の克服の過程として語られることが多いのは、近代の建築・都市計画が災害に強い社会づくりを目標に展開されてきたことを物語っている。

　ところが、21世紀に入った頃から、日本では、それまでとは性格の異なる自然災害に苦しめられるようになってきた。それが特に顕著なのは、土石流災害だろう。最近10年間に土石流災害により、近年に開発・整備された施設や住宅地が被災した事例だけを数えても、次のようなものがある。いずれも、災害発生当時、新聞やテレビなどで広く報道されたものばかりである。

　2009（平成21）年7月　中国・九州北部豪雨山口県防府市で老人ホームが被災して12人が死亡

　2013（平成25）年10月　台風26号により伊豆大島で外輪山中腹が崩落して麓の集落で36人が死亡

　2014（平成26）年8月　広島市北部の集中豪雨で太田川流域の斜面で多数の土石流が発生し、74人が直接死

　2016（平成28）年9月　台風10号岩手県岩泉町の認知症グループホームが浸水・土石流により9人が死亡

　2018（平成30）年7月　西日本豪雨により広島市安芸区、矢野東、同安佐北区の斜面で多数の土石流

　かつては豪雨時の災害といえば雨台風による大規模な氾濫などのことだったが、これらの災害は被害が局地的で、ゲリラ災害などと呼ばれている。そ

図4-1　塩尻市奈良井重要伝統的建造物群保存地区[1]

して、このようにこれまで起こらなかったような気象災害が起こるようになったことについては、地球温暖化による局地気候の不安定化と結びつけて語られることが多い。今後は、地球温暖化に起因するこうした災害の対策を講じる必要がある、というわけである。

　しかし、上記の災害が起こったのは、いずれも、比較的最近開発され、少なくとも高度成長期以前はずっと空地だったような場所である。災害は、人が住んでいる場所で起こるから災害なのであって、人がいない場所でどんな過酷なことが起こっても災害とは呼ばない。だから、これらの土地で、開発が始まる前に土石流や洪水が起こっていたとしても、災害とは記録されなかっただろう。さらにいえば、これらの土地は高度成長期頃に至るまで、なぜ開発されなかったのか。偶然、開発されなかったのではなく、住めば危険だと思われていたからこそ、開発されなかったのではなかったのか。

　筆者がその可能性を初めて具体的に考えさせられたのは、2006（平成18）年7月、長野県塩尻市の重要伝統的建造物群保存地区（重伝建地区）・奈良井を襲った土石流災害や浸水であった。

　奈良井は、江戸と名古屋を結ぶ中山道有数の宿場町で、1978（昭和53）年に重伝建地区に選定されていた（図4-1）。重伝建地区が制度化されて三年目の選定であり、歴史的街並みとしても全国的に最もよく知られている地区の一つである。奈良井では、河岸段丘と川に挟まれた狭い平地に街道が続き、それ

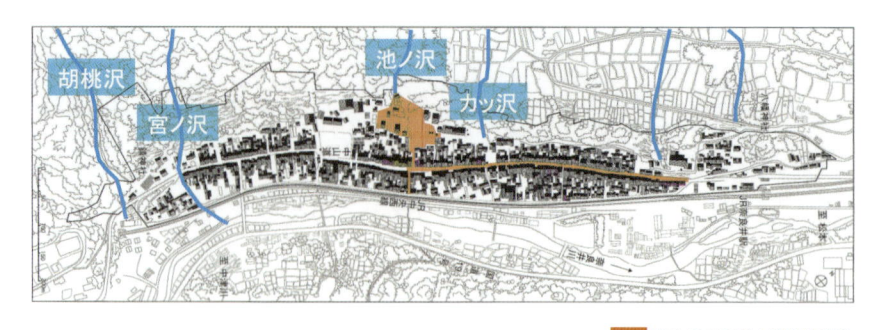

図4-2　奈良井重伝建地区の土石流災害

（a）公民館の被災　　　　　　　　（b）街道の状況

図4-3　奈良井重伝建地区の土石流災害(2006)

にへばりつくように民家が並んでいる。背後の山側には皺のように多数の沢があり、その一つが、豪雨によって崩れたのである。樹木や土砂が市街地に押し流されて、宿場の背後にあった公民館を半壊させ、街道沿いの多数の民家で床上浸水を引き起こした（図4-2、図4-3）。半壊した公民館は集中豪雨の避難場所となっていて、多数の住民が集まっていた。しかし、一人の住民が土石流の危険を指摘したため、公民館に退避していた全員が、沢から離れた別の施設に移動した後に土石流が発生した。人的被害こそなかったものの、間一髪であった。この集中豪雨では、奈良井に近く、その少し前に重伝建地区に選定されたばかりだった漆工町・木曽平沢も広範囲の浸水被害を受けていた。

当時、筆者の研究室では、木曽平沢の防災計画と奈良井の防災整備の見直しを塩尻市から依頼されており、その準備に当たっていた。重伝建地区の防災計画で災害として想定するのは、文化財を減失させる最大の脅威である火災なのだが、歴史的街並みは、有形文化財としての民家群であるだけでなく、伝統的な生活文化が継承される場であり、何よりも人の生活が続けられなければ、建造物の保存継承も成り立たない。しかも、奈良井の土石流災害は、地区外で発生した災害が地区に押し寄せて被災したわけではないので、再発を予防するには地区内で対策を講ずる必要がある。そのため、防災計画の機会に気象災害なども視野にいれて、可能な限りの被害軽減策を講ずる基礎的な検討をしておきたいと考えた。そこで、気象災害のベテランで、戦後の主な大台風の調査にも携わられていた木下武雄博士の指導の下、奈良井や木曽平沢の水害要因の調査も行うことにした。

　奈良井の土石流災害の被害や、間一髪で住民が安全に避難できたことについては、次の2点に注目した。第一は、このような土石流が過去にも発生して被害を生じていたのか、また、その対策はどう採られていたのか。第二は、土石流の危険を指摘した一人の住民の意見が、なぜ、どのように他の住民に受け入れられて避難行動に結びついたのか。前者については、土石流は繰り返し起こることなので、長い歴史のある集落なら、歴史的に対策を講じていたに違いないと考えた。また、後者については、情報源が信頼できない限り、いったん避難場所に避難した人が別の場所に移動することはないだろうが、なぜそのような判断になったのかを知りたかったのである。

　この二つの疑問について調べてみると、結局、同じことの表と裏の両面のような答となった。

　まず、奈良井における土石流災害の履歴と対策について。

　奈良井では沢が崩れて土石流を生じたが、沢は基本的に山脈などの斜面で豪雨時などに水の流路となって削られた地形である。斜面で削られれば削られるほど、周囲の水を集めるようになるので、沢があれば、豪雨時にはその直下は基本的に土石流の影響を受けやすい。奈良井宿は数百年の歴史を持つ宿場町である。奈良井宿の背後の河岸段丘の斜面には多数の沢が刻まれている。

そこで史料を調べてみると、歴史的に、沢が崩れたことは何度もあるが、街道に大きな被害を及ぼした例は稀れであったらしい。それは、大きな沢の下方に広い空地が設けられており、沢が崩れて大量の土砂が流出した時には、遊水池として機能するようになっていたからであった。そして、土石流が直進した場合には、そのまま奈良井川に流れるように宿場町を横断する開渠を掘り、街道はそれに橋を架けて通していた。戦後、街道を舗装した時にこの水路を暗渠化し、さらに後年、かつては豪雨時の遊水池にしていた空地に鉄骨造2階建ての公民館を建てたというのである。この土石流災害では、公民館は、1階が土砂で埋まり、2階の外壁は、押し流された倒木や岩に突き破られている、という有様であった。土石流はさらに直進したため、暗渠の入口は倒木や土砂で埋まって、溢れた土砂や泥水が街道に流れ込み、街道沿いの民家の浸水を引き起こした。沢の下流の水路の暗渠化にあたって、土石流の発生のような事態を想定しなかったのだろうが、それが街道沿いの浸水被害の拡大を招く結果になったといえる。

　それでは、公民館に避難していた住民は、なぜ、一住民の意見に従って別の場所に避難していたのか。土石流の危険を指摘したのは、教員経験のある地域住民で、その経験は集まっていた住民も皆、知っていた。彼は郷土史も研究していて、避難場所に指定されていた公民館の敷地が、かつて遊水池として空地のままにされていたことも知っていた。そのため、彼は、公民館に地域住民が集まっているのを知って公民館を訪れ、土石流の影響を受け難い別の施設への移動を呼びかけたということだった。

　奈良井では、かつては大規模な工事を行うこともなく、豪雨で沢が崩れても町に被害を及ぼさずに土砂を川にやり過ごしていた。この戦略を支えていた開渠を暗渠化し、空地のままにしていた土地を開発したことが、災害を引き起こしていたわけである。その場所はさらに災害時の避難場所にもなってしまったが、地域住民は、その歴史を知っていて住民の信望のあった人物の説得によって移動した、ということである。

　二つの疑問に対する答は、要するに、土石流のような気象災害の発生自体は避けられないかもしれないが、地域の歴史や災害地形に関する経験知を活かせば、大きな被災を免れることができることを、社会資本整備の考え方と

災害の発生が懸念される段階での行動規範の両面で示しているのである。なお、木曽平沢重伝建地区も山と奈良井川に挟まれているが、この時の被害は、土石流ではなく、地区のうち、奈良井川に近い部分を中心とする浸水であった。木下先生に初めて相談に行った時には、木曽平沢の被害内容は詳しくはわかっていなかったが、資料がなくても被害の内容を的確に指摘された。木下先生によると、山に接していて「平沢」という地名であれば、斜面が平滑で沢がないことを表しており、土石流が起こる可能性は低い。集落は、斜面からの伏流水を得やすい場所に形成されるので、豪雨になればそれが溢れて浸水が起こりやすい、とのことだった。木曽平沢も江戸時代以来の歴史のある集落だが、浸水被害が大きかったのは、奈良井川近くの湿地を大正時代以後に市街地化した部分である。ここにも、自然災害の被害を受けやすい場所が近代に開発されて、災害要因となっている事態が読み取られる。

　奈良井の調査以来、筆者は土石流災害が報道される度に被災地周辺の地形図などを見るのが習慣になってしまった。その中で、気象災害をやり過ごす歴史的な街並みの知恵の巧みさを見せつけられたのは、2009（平成21）年中国・九州北部豪雨の際、山口県防府市で老人ホームが被災した土石流災害だった。

　この豪雨では、防府市を中心とする地域で大規模な斜面崩壊、土石流などが発生した。中でも、防府市真尾では、老人ホームが土石流の直撃を受け、12人の犠牲者を出す惨事となった。老人ホームは、山から下る川沿いに1998（平成10）年に建てられていたが、尾根を挟んだ隣の大きな沢の正面でもあり、土石流はこの沢で発生した（図4-4）。老人ホーム周囲は最近まで原野であったことからみて、この沢は、以前にも崩れたことがあったと思われる。この敷地が最近まで開発されなかったのは、おそらくその危険のためで、老人ホームが建てられたのは、まとまった敷地が安価に入手でき、市街地からさほど離れているわけでもなく便利だと考えられたからだろう。

　この災害に筆者が関心を持ったのは、その前年、被災地からそう遠くない山口県萩市の佐々並市が重伝建地区になっていたからである（図4-5）。

　佐々並市は、防府と萩を南北に結ぶ街道・萩往還の重要な宿場で、東西方向に流れる佐々並川に接し、南北を山並みで囲まれている（図4-6）。萩往還は、

（a）災害後
○は被災施設。砂防工事が進んでいるが、
施設は沢の正面にあることがわかる

（b）開発前（1963年）の様子
沢の存在や沢の部分の樹木が若いことが
わかる

※（a）（b）とも国土地理院航空写真

図4-4　山口県防府市土石流災害

※萩市提供

図4-5　萩市佐々並市重伝建地区

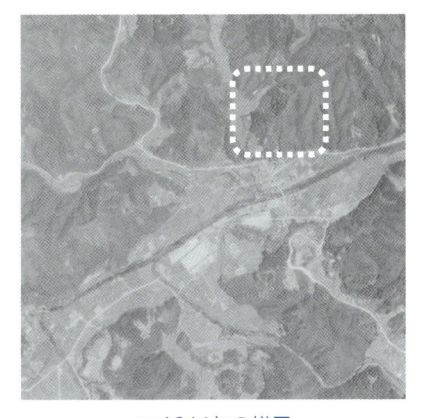

(a) 古地図
集落は川の両側に分かれ、麓沿いの道は
折れ曲がって山を走る街道に連絡する

(b) 1964年の様子
街道は左上から右下に向かい、川と直交す
るように折れ曲がる

※(a)萩市提供。(b)国土地理院　航空写真

図4-6　萩市佐々並市重要伝統的建造物群保存地区と街道

この山並みを佐々並川にほぼ直交して合流する支流、落合川（北側）と日南瀬川（南側）に沿って走っている。現在は国道262号線となって佐々並市の集落の西側をバイパスして南北にほぼまっすぐ走っているが、旧道は、南北とも、沢道が佐々並川に近づいて平地に達したところで山の麓に沿ってほぼ直角に迂回する。街道が平地に達する位置は、萩側が防府側より西側にあるため、この迂回は、萩側では東に折れ、防府側では西側に折れて、各々、佐々並川に平行に進んで、そのほぼ中点で佐々並川を渡ることになる。佐々並市の集落の中核は、佐々並川を南北に渡って両端に山を控える街路から佐々並川南岸を東に折れた部分までである。山に挟まれて川に臨む立地に街道が複雑にクランクし、歩くうちにダイナミックに変化する風景、集落の中心では山並みを背景に街路の両側に建ち並ぶ民家群という景観は、佐々並市が重伝建地区に推薦された重要な要因であった。

　その時、筆者は、重伝建地区の選定を審議する文化審議会の分科会委員をしていたが、街道や集落がこのように複雑な配置となっているのは、本来は、

景観のためなどではないと思った。

　交通の利便性から考えたら、街道の経路はもっと単純化して、落合川を下ってそのまま佐々並川を渡り、日南瀬川を上った方が早道である。現に、現在の国道は、ほぼそのように走っている。しかし、佐々並川の南側をよく見ると、旧道は日南瀬川にずっと沿っているわけではなく、瀬戸内海方面から日南瀬川沿いに下って、川と沢の分岐点に着くと、わざわざ沢に方向を転じて佐々並川に到達するようになっている。佐々並川の両側とも、その支流沿いに街道を造れば行程は短縮されるのに、あえて、そうはしていないのである。

　このように複雑な市街地構成となったのは、街道全体の交通の便益と集落の災害防止の調整を図った結果ではないだろうか。佐々並市は、江戸時代に、萩と瀬戸内海をつなぐ街道の宿駅として繁栄し、現在見られる歴史的町並みが形成されたが、その淵源は中世の農村集落である。集落がこの位置に造成されたのは、沢のない斜面に接する平地で佐々並川に接して、生活しやすく、気象災害の危険が小さかったからだろう。川を通じて地域外に通じることもでき、萩往還の集落前後を構成する沢道も、街道として整備される前から、南北の近隣地域をつなぐ径路に使われていただろう。一方、中国山地を縦断する萩往還を、自然地形にあまり手を加えずに歩きやすく、短い行程とするためには、山麓に沿って流れる小河川や沢を利用せざるを得ない。しかし、このような小河川や沢は豪雨時などに鉄砲水や土石流を引き起こす可能性があり、平地との接点付近は、その被害を受けやすい。そこで、佐々並川付近で沢道を降りると、街道としての最短ルートからやや外れた位置にあった集落に道を繋げたのだろう。道が沢から平地に降りて最初に曲がる部分付近には、近年、開発が行われるまで人家は建てられなかったが、それは豪雨時に土石流などの直撃を受けないようにするためだろう。佐々並川を渡った南側の平地は北側より大きいが、この部分では、街道は、橋の南でまず東に折れて川に平行に走る間が市街地として発達し、ついで再び、南にほぼ直角に曲がって沢道を登る。この沢道は落合川ほど急峻ではないが、こちらも、長い間、人家は造られなかった。

　ちなみに佐々並川は、この集落より上流（西側、図4-6 (b) 航空写真では左側）で急峻な山塊に阻まれてほぼ垂直に折れ曲がり、現在は、直角に折れ曲がる

川に囲まれた南東側に、水田が広がっている。増水時には、この部分で容易に氾濫が生じたはずで、水田となっている平地は、もともと、氾濫で生じた堆積物でできた湿地だったのだろう。増水すれば冠水したはずであるが、この平地と佐々並市の集落の間には、佐々並川を南北から岸まで迫る尾根があって、集落は氾濫からも守られている。街道の行程を短縮するだけなら、萩往還はこの尾根よりも西側を通過した方が距離が短くなるが、それを避けることによって、街道とその中継点が水害の影響を受け難くしているわけである。

集落を巡る自然景観の美しさが重要なポイントとなって伝建地区に選定された佐々並市であったが、その景観は、気象災害を避ける工夫として形成されたと考えられる。それに対して、萩往還の瀬戸内海側の終着点、防府市で土石流に飲み込まれた老人ホームは、どう配置計画がされたのだろうか。佐々並市は、木造建築で何世紀にも渡って、自然災害の被害を免れてきたのに対して、防府では、沢のほぼ正面に鉄筋コンクリート造の老人ホームを建て、建設から11年後に土石流の被災を受けたのである。

実は、本節冒頭に列挙した2014（平成26）年広島市北部の土石流災害、2016（平成28）年の台風10号による認知症グループホーム災害、2018（平成30）年の西日本豪雨災害などでも、土石流を発生させた沢や、河川の氾濫を引き起こす流路の強い湾曲のごく近くに開発された建物や宅地が多大な被害を受けている。堤防やダムなどの土木的な自然災害対策は本来、地域の広い範囲を大規模な気象災害の被害を受け難くするための手法であり、地域の中で局地的に起こる災害性の現象については、市街地の一部に気象災害の影響を緩和する対策を講じたり、建物が影響を受けないように建物を配置したりすることでも、大きな被害を受けないようにすることができるはずである。

奈良井といい、佐々並市といい、山を近くに仰いで水害や土石流災害を受けやすい環境に立地しながら、長期にわたって大した土木工事を行うこともなく、地形を丹念に読み解いて安全な集落を作り上げてきた。そしてその結果、どちらも大変美しい景観を生み出してきた。

それに対して近代、特に高度成長期以降は、おそらくは気象災害の影響を受けやすいことが原因で開発を免れてきた空地まで開発して、その被害を受けるようになってきた。しかし、市街地の中の狭い範囲でゲリラ的に起こる

気象災害に対して、土木的な対策で対決しようとしても、費用の割には効果が小さく、防災施設の整備にも大きな困難を伴うだろう。地域の広い範囲が被災するような大規模な台風や大規模な河川の氾濫に関する対策が進んだ後、都市に必要になってくるのは、本来、近世集落の防災対策のような、大規模な土木工事を伴わずに自然災害をやり過ごすような考え方ではないだろうか。

さて、先に述べた奈良井重伝建地区の土石流災害では、避難所に指定されていた公民館で危険を察知して、集まっていた住民を移動させることができていた。移動を促した人物は、もともと郷土史に造詣が深く、公民館の敷地で土石流災害が繰り返された歴史があったことや、現在もその再発の可能性があることを認識していた。そして、彼の人生でも稀な豪雨の中で土石流の発生の可能性を感じて、この行動となった。豪雨の中、彼の意見によって公民館から別の場所に住民全員が移動したのは、彼の見識が住民に信頼されていたということであろう。しかし、この事実には、局地化する自然災害への備えを構築するうえで、極めて示唆的な内容が含まれている。

土石流のように局地的な災害がこれまで100年に一度以上程度の頻度で起こってきたような場所には共通の特徴があってほぼ特定でき、そのような場所は豪雨時には要注意であること、その場所で過去、数十年も起こっていないような豪雨になれば、土石流などの発生は覚悟せざるを得ないことなどである。実際に、多大な人的被害を出すような土石流災害のニュースを聞いて、その場所の地図や航空写真を見れば、直ちに土石流が起こりやすいことがわかるような場所であることが多い。2009年中国・九州北部豪雨で被災した高齢者福祉施設のように、なぜ、わざわざそんな場所を選んで、避難が困難な高齢者のための建物を建てたのか、と思ってしまう例もある。

そして、このようなことがいえるのは土石流災害だけではない。東日本大震災で津波災害の悲惨さを目の当たりにした後も、津波浸水が予想される地区で住宅や高齢者福祉施設の建設が続いている。そのリスクが指摘されると、入居しようとしている住民や施設を整備している事業者は、災害が起こるのが100年に一度くらいなら、今、建てている建物が建っている間は、災害は起きないと反応することも多い。しかし、「100年に一度」は、来年それが起こる確率が1%だといっているのであって「100年後」という意味ではない。ま

た、100年に一度といえば稀な現象のように聞こえそうだが、100年という時間は、住宅ならば、一世代が30年程度、住み続けるとしたら3世代である。つまり、100年に一度、土石流や津波に呑み込まれる場所に住宅を建てるということは、3世帯に1世帯は一家全滅する可能性がある、ということである。そうわかっても、100年に一度、は大したことのないリスクだろうか。

これについては、高度成長期の頃から、軽んじられてきた地学的教養や、自然に関する伝統的な知恵をもう一度、勉強し直すのが近道だろう。参考となるわかりやすい書籍、情報はいくらでもある。できれば、地理や地学、郷土史などに詳しい方の指導を受けて、自分が生活したり働いたりしている地域を教材に勉強してみてはどうだろうか。

その成果が、すでに住んでいる家や働いている建物の防災対策を考える際や、市街地開発、あるいは新しく開発された市街地の土地利用計画、そして、土地を手に入れて施設を建てたり、自分の住まいを建てたり選んだりしようとする際に活かされていけば、このような災害で決定的な被害を受けないようにしていくことができるだろう。

4-2　コロニー化する施設と災害危険

21世紀に入った頃からの日本の自然災害の傾向の一つとして、ゲリラ的な気象災害の顕在化を指摘した。その背景には色々な要因が考えられるが、多くの場合、災害を引き起こす現象は市街地の中や市街地に接して存在する斜面や河川流路の湾曲などで発生している。こうなると、かつて、大災害をもたらした外水氾濫の対策のように、市街地の外縁で水などの侵入を防ぐという方法では被害の予防は難しくなる。

都市の基本的な枠組や外縁を強化してその内部の市街地の脆弱性を補うのが、近代の自然災害対策のモデルだったとすると、近代の火災対策の戦略もそれと似たり寄ったりである。都市機能の持続に必要な施設は都心に集めて耐火構造化して地震や火災の影響を受け難くなるようにし、低層市街地は、幹線道路周りだけを火災に強い構造として、市街地火災の消火に失敗したとしても際限なく延焼するような大火にならないようにするという、明治時代の

市区改正事業の構想以来の戦略である。耐火構造化が推進されるような建物は、経済成長とともに高層化したが、建物内部の火災対策も、都市防災戦略を縮小したようなものである。すなわち、建物全体から外部に避難したり、消防活動の経路にする幹線的な経路として、階段を火災の影響を受けないように計画し、火災が起こった階では、煙などによって避難経路が危険になる前に階段に避難し終えることができるようにするという考え方である。この考え方は、大規模施設や超高層建築などでは1980年代に確立した。その頃から超高層建築やドーム競技場などの大規模施設はめざましく普及したが、それらの施設で多数が犠牲となるような火災は発生していない。この実績は、こうした防災戦略に基づく対策が基本的に有効であることを示しているといえる。

しかし、火災の様相も、21世紀に入った頃から、微妙に変化してきた。大規模物販店、ホテルなどで火災が起こって膨大な数の客が犠牲になるようなことが世紀の変わり目の少し前から起こらなくなった。その一方、雑居ビル、高齢者福祉施設、カラオケや個室ビデオ店などで、多数の犠牲者を出すような火災が頻発するようになったのである。

21世紀に入って、多数が犠牲となった火災を起こした建物の多くに共通することは、かつてビル火事対策の焦点となっていたような建物とは比較にならない建物がさらに小さく区分されて使われているということである。高齢者施設、カラオケ、個室ビデオ店、宿泊所などは、文字通り、個室に分かれている。しかも、高齢者施設の個室や宿泊所などはプライバシーの確保の必要から、また、カラオケボックスや個室ビデオ店は遮音の必要から、個室内の状況は室外ではわからないように設計されている。

したがって、いずれかの室で火災などの事故が起こっても、火災感知通報設備などで危険が知らされる仕組みができていない限り、他の室でそれを察知する術はない。しかし、個室の壁や扉には何の防火性能もないから、いったん火災が発生して初期消火ができないと、火災は出火室内で拡大して、やがて壁や天井、扉を突き破って廊下や周りの個室に拡がっていく。その段階では火勢が強くなっているので、施設全体で人命を左右するような火災になってしまう。

こうした施設で、個室の壁や扉に防火性能が求められていないのは、カラ

オケ店や個室ビデオ店全体で数えても、床面積は人して大きいわけではなく、煙や火災の拡大を防ぐ規制がないからである。要するに、小さい空間では、火災などの異常が発生すれば、短時間に室内全体で気がつくと予想しているからだが、その前提が成り立たない施設が増えてきたのである。

雑居ビルの火災は高度成長期以来ずっと続いていたが、2001（平成13）年に東京・新宿歌舞伎町の雑居ビルで起こった火災は、犠牲者44人と、東京で起こった単体のビル火事としては史上最悪だった（図4-7、図4-8）。

ビルも5階建て以上になると、防火規制が厳しくなるが、このビルは当初、4階建てで建てられ、何事も、規制が厳格化しない限界で設計されていた。例えば、避難階段は一カ所で、その階段は物置代わりに使われて、普段から、階段としては機能していなかった。そこで、客も従業員も皆、エレベータで上下していた。火災原因は放火と推測されているが、出火したのも、物置代わりになっていた階段の踊り場だったらしい。出火しても、誰も階段では避難できないまま、煙が階段室を上昇して最上階の4階店舗に侵入した。

低層の小型ビルで防災規定がそれほど厳しくないのは、各階面積が小さくて煙制御が技術的に困難なうえ、小型ビルならば、出火しても、その異常を建物全体で察知するのに時間がかからないようにすることはできないわけではないと思われたからである。それならば、建物全体に危険が拡がる前に階段を通って地上に避難するのも難しくない。

もともと、店舗が集まるような建物で災害が起こった時、防災設備だけで客を安全に避難させられるわけではなく、店の従業員などによる災害対応や避難誘導は必須である。建物が大規模になるほど、また高層化するほど防災設備の要求が厳しくなるのは、建物全体で危険を察知するのが困難になったり、避難に必要な時間が長くなるのに対して、煙はいったん階段に侵入すれば最上階まで達するのに高層ビルでも数分しかかからず、危険の広がりに対する避難の相対的な困難度が増すからに過ぎない。

しかし、このビルでは、一カ所しかない階段が封鎖されていて、建物各階のテナントの飲食店やゲーム店の間では従業員らが日常的に顔を合わせることもほとんどなかったという。避難階段を物置代わりにしていたのは、倉庫が不足していたからではない。エレベータをいったん降りた客が、他の階に

図4-7　新宿歌舞伎町明星56ビル（火災後）

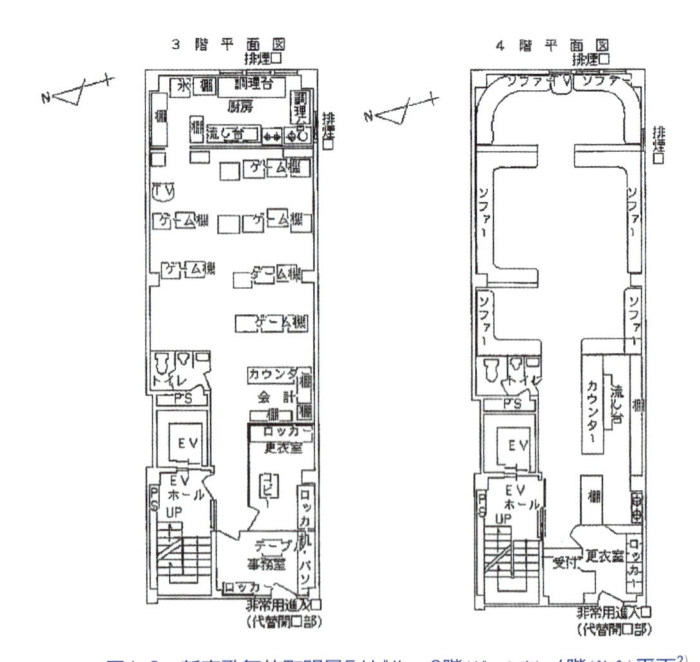

図4-8　新宿歌舞伎町明星56ビル　3階（ゲーム店）、4階（飲食）平面[2]

移動するのを食い止めるのが主な目的だったといわれている。エレベータを降りても店が混雑していた場合に他の階に移動しようとしたり、1階に戻るためにエレベータを待つ間に、店員が、客を店に入れてしまう、というのである。これでは、小さいビルでは、テナントの間で災害時には協力するという、建築基準法制定当時の想定が通用する余地はない。

　高度成長期の1960年代からほぼ四半世紀、大規模な店舗やホテル・旅館で多数の客が犠牲となる火災が頻発したが、その後は起こらなくなった。その間、高層ホテル等は法規制に適合させるための改修も進められたが、建物が既存不適格のホテルでも、大きな火災が起こらなくなったのは、こうした施設で客が犠牲となるような火災を起こせば、客足は途絶えて経営破綻は免れないことがはっきりしたからであった。火災の刑事責任も、施設や管理体制に関する違法などは経営者の問題と考えられるようになり、1980年代からは経営者が刑事責任を問われるようになって、防災対策を現場任せにはしなくなった。しかし、このように火災を経営上のリスクとして捉えるという考え方は、小規模な店舗などでは拡がっていない。そのことが、雑居ビル火災がいまだに頻発する大きな理由だと思うが、新宿歌舞伎町で火災となった雑居ビルでは、上記のように、テナント間のコミュニケーションも消えて、ビル全体が建物入口のエレベータロビーだけで繋がっているかのような関係になっていた。そのことが、被害を大規模化した最大の背景といえよう。

　一方、この火災は放火が疑われながら、容疑者の目撃証言も得られず、刑事事件としては、建物所有者らの執行猶予付き有罪と、大火災としては異例の微罪で終わった。その後、監視カメラの利用が急速に進められていくきっかけとなったが、これも、コミュニケーションが消えてきた社会におけるセキュリティの維持の取り組みの一側面を表している。

　中高層建築や大規模施設の避難安全規制は、基本的には、建物全体に人命危険を拡げる煙の拡大の抑制と、煙にまかれないための避難計画より成っている。このうち、煙の拡大に関する法令は、建築基準法制定からビル火災が頻発していた1970（昭和45）年頃までの間に、主として火災の経験を踏まえて形成されている。それはかみ砕いていえば、以下のようなことであろう。

　①直接の利用者以外の立ち入りが基本的に許されない室は、火災の早い段

階で煙が侵入しないようにする

②用途を問わず、煙の影響があまり急激に広範囲に拡がらないように一定の面積以内ごとに、火災の早い段階で煙が侵入しないようにする

③建物利用者の状況は用途に影響されるので、用途が大きく異なる空間の間では煙の侵入が起こらないようにする

④地上階の上下程度を除いて、煙が階を超えて侵入しないようにする

このうち、①は、異常の発生を知らせることの難易度が、ほぼプライバシーの程度に従うためである。個室でも、一住戸内の個室なら、火災の時には扉を開けて危険を知らせるだろうが、ホテルの個室は基本的に施錠されているうえに、中に実際に宿泊客がいるかどうかもわからない。プライバシーの高い空間ほど、その入口は火災の影響が及び難くする必要があるわけである。

煙の侵入を防ぐには、火災の早い段階なら、鋼製の防火戸などでなくても、不燃性の扉などでも効果は期待できよう。本来、それほど難しい条件ではないはずだが、21世紀に入った頃から次第に明らかになってきたのは、これらの条件のうち、①で問題にしているプライバシーの要求が変化してきたことである。用途が変わらなくても、個室のプライバシーは年代を追って高まっているし、住宅がグループホームや福祉施設に転用される場合も増えてきた。煙の侵入といえば扉を通じての煙の流出入が思い浮かべられることが多いが、住宅や古いアパートなどでは、壁を配管などが貫通する部分、天井裏など煙の流路になる部位は多い。こうした弱点は、直接は見えないことが多いので、他の用途に転用されても、気がつかないことが多いだろう。

ビデオ店やクリニックなどでは、ほぼ基本的な家具だけの小さな個室が多数、設置されるものが多い。その全体が一体で管理されるとしても、個室ごとに火災の影響を遮断するような措置は講じられない。室内で火災が発生して出火室が火の海になるまでにかかる時間は室が小さいほど早いものだが、個室の利用者は隣り合っていても赤の他人で、仮に誰かが出火などの異常に気づいたとしても、周囲の個室に知らせたりはしないだろう。こうした施設で、火災などの危険が発生した時に、利用客がどの個室にいるか把握できているのは受付だけ、ということになりかねないが、受付には火災の初期対応をして多数の利用者の避難を誘導するだけの力量や権限があるのか。

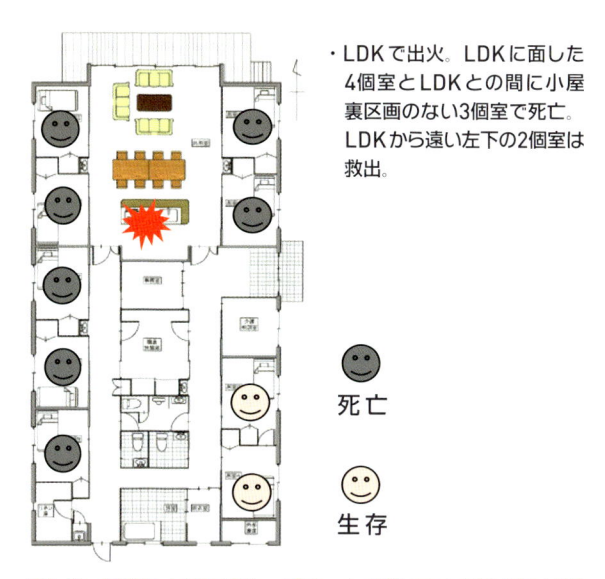

・LDKで出火。LDKに面した4個室とLDKとの間に小屋裏区画のない3個室で死亡。LDKから遠い左下の2個室は救出。

死亡

生存

図4-9 長崎県大村市グループホーム火災(2006)犠牲者の状況

　プライバシーが高い個室により構成されていながら、いったん火事になると煙による人命危険がそのプライバシーを超えて施設全体に拡がりやすいのは、高齢者が集まって住む福祉施設や住宅の就寝時も同様である。発熱器具、タバコによる出火危険はもともと高齢者で目だっており、初期消火などの対応行動も加齢とともに低下する。高齢者が集まって住む施設では、厨房器具など、出火源となり得る要因の対策を行わなければ、高齢者施設ゆえの出火率の上昇の抑制は困難である。そして、火災や煙の拡大の抑制策を講じていなければ施設の規模に関わらず、火事に巻き込まれる人が増えて、悲惨な火災を頻発させることになりかねない。

　高齢化の進行を背景に2000（平成12）年の介護保険法の改正以後、グループホームなどの高齢者福祉施設が急増したが、防災対策をほとんど欠いた制度設計となり、施設の普及が進んだ2006（平成18）年に長崎県大村市で入居者9人中7人が犠牲となる火災が起こった（図4-9）のを皮切りに、居住者の過半が犠牲になるような火災が繰り返された。

　小規模な建物が個室に細分化され、個室の一つで出火して他の個室まで火

災の影響が及んで多数が犠牲になるという構図は、防災法令がそれまで取り組んできた課題とは、解決に向けた論点がおよそ異なっている。

　つまり、高度成長期以降、1990（平成2）年頃まで、多数が犠牲となるようなビル火災が頻発したのは、火災によって建物の広い範囲が短時間に危険になることが基本的な背景となっていた。高層ビルや大規模施設では、その危険を低下させるために建物内で急激に火災拡大させる主な要因の排除を目標とし、避難については各階から地上に達する避難階段の安全確保を目標として、柱や梁、床などの構造部や壁のように火災の拡大を抑制する部材を防火的に堅牢化したうえ、施設全体を防災センターなどの集中的な防災管理体制によって統括しようとしてきた。

　ところが、21世紀に入る頃から、そこでは問題にされなかった狭い範囲で多数の犠牲者を出す火災が目立ってきたのである。出火から施設全体で避難が困難になるまでの時間は、過去のビル火災に比べると概して短い。しかも、これらの火災で犠牲者を出していく過程に、建物全体を支える構造はほとんど影響していない。どういうことかというと、建物は耐火構造でも、壁で囲まれた部分の中に展開する個室ビデオ店の個室の界壁、カラオケボックスの間仕切り壁などまで耐火構造というわけではないからである。

　グループホームや単身高齢者が多く住むようになってきた宿泊所などは、建物の規模そのものが小さく、火災の影響が拡大しやすい建物の中で、大勢がプライバシーだけは守りながら生活している。こうした施設でも、多数が犠牲となる火災が続いているが、大勢が犠牲になる重要な要因の一つが天井裏や小屋裏を介しての煙や火炎の拡大である。木造などの低層の建物の一室で火災になった時、煙や火炎が薄い天井板を突き破って天井裏に入っても、その上に屋根や上階の床があると容易には突破できないので、その下を這うように水平に拡がる。天井裏や小屋裏の内部が世帯ごとに区切られていないと、煙や火炎はどんどん水平に拡がって、他の人が住んでいる居室に天井の上から突然、襲いかかる。建物の外や、人が出入りする室内からは見えない小屋裏などの中が開放されていると、店が横につながっている商店街や長屋では火炎が小屋裏に侵入した後、建物全体に火災が拡がって炎上させるまではあっという間である。そうなると、消防車一台程度では手が付けられない火災と

図4-10　城崎温泉火災(2015)
商店街の燃え止まり部分

延焼した最後の店の側壁が見える。壁はあるが、小屋裏は開放されていたことがわかる。出火店舗で火災が小屋裏に噴出し、そのまま屋根野下を水平に一気に拡がったのであろう

図4-11　糸魚川市街地火災(2016)
出火店舗付近

右端のやや高い屋根が出火した飲食店。写真中央の2店舗、さらに左の店舗まで小屋裏に界壁がなく、短時間に小屋裏から延焼したと見られる。中央の2店舗の1階は大して焼燬していない

なって、火災が周辺市街地に拡がる危険を高めてしまう。現在、アパートや長屋では、そのようなことがないよう、世帯ごとに天井裏や小屋裏まで壁を設けなければならないことになっているが、かつてはその義務はなかった。そのためか、現在でも天井裏や小屋裏が開放されている建物は多く、城崎温泉の商店街の大規模火災（1995）、川越市の伝建地区の延焼火災、糸魚川市の市街地火災（1996）などは、小屋裏が開放されて繋がった長屋式店舗で出火して、消防隊が消火活動を開始する前に近隣の店舗まで延焼して、さらに大規模な市街地火災に拡大するのを抑止できなかった（図4-10、図4-11）。

　以上のように説明すると、このような問題がなぜ、最近になって顕在化してきたのか、疑問を持たれるかもしれない。古い低層建物の小屋裏や天井裏が開放されていたのは、今に始まったことではないのだから、もっと前に問題になっていてもおかしくないからである。この危険が顕在化したのは、主に店舗と高齢者が集まって生活する施設であるが、深刻な火災が発生するようになった背景は、以下のようなことであろう。

　高齢者が生活する施設の火災で多数の犠牲者を出したことについては、高齢者による出火率が高いことや、災害対応能力が加齢とともに低下することは、以前からわかっていた。だから、高齢者が集まって住む福祉施設などで

は適切な防災対策を講じなければ、施設当たり出火率もまた火災一件当たりの人的被害も大きくなって、全体として火災危険が著しく高まることは統計的に見て不自然ではない。グループホームで犠牲者の多い災害が続いたことについては、前述のように福祉施設の整備を急ぐあまり、防災対策を軽視したとしかいいようがないのではないか。火災が頻発した後、グループホームには自動消火設備の設置などが義務づけられたが、その分、入居のコストは上昇し、制度設計にあたって想定していた所得層には入居が難しくなったことは否めない。そして、アパートや簡易宿泊所などの火災で多数の高齢者が犠牲となっていることについては、経済的な理由で高齢者住宅にも福祉施設に入居できない高齢者が、防災性能の著しく劣る施設に入居せざるを得なくなっている状況が窺われる。21世紀前半には急激に高齢化が進むこと自体は、1980年代には予測され、1990年代に入った頃には目前と考えられていたのだから、その頃から時間をかけて、高齢者に適した安全で廉価な住まいの開発やそのための法基準の検討が、省庁の枠を超えて進められていれば、このようにはならなかったのではないだろうか。長期にわたり省庁を超えるような取り組みを進めるには、少なくとも、法律的な裏付けも必要なはずで、こうなってしまっている状況については、立法で、将来の社会づくりに予め備えるための検討が十分されてこなかったことも窺われる。

　一方で、商店街の店舗で出火して市街地火災にまで拡大した事例は、いずれも、店に経営者がいた時に発生している。高齢の経営者が一人で切り盛りしていたこと、出火店舗の周囲の店舗の多くが、出火当時、無人だったことも、火災を初期段階で鎮圧できなかった重要な要因と思われる。出火原因が解明されている事例では、出火が、高齢の経営者が火を使っている間だったり経営者が火を使ったまま店を空けた間だったりすること、また、出火世帯の近くの店舗や民家が空き家や管理者不在中で、消火活動が停滞したことがわかっている。

　こう見てくると、高齢者が集まって住む施設や、高齢者が経営する店舗で発生して大規模な被害に至った火災は、いずれも、社会の高齢化が、高齢者の孤立を深める方向で進んで来たことが背景になっていると考えられる。そして、被害の発生に至る経過を見ると、大規模なビル火事を封じ込めるのに

成果をあげてきた防災技術の高度化や防災体制が機能するより前に、被害の拡大を止められなかったり、多数が犠牲になってしまうような状況になっている。高齢化がこのように突き進んでいることの問題は、おそらく、火災に限ったことではないだろう。

21世紀に入ってから、建物単体の火災も、被害の様態は、地域災害がゲリラ化してきたのとよく似た経過を辿っているのである。

4-3　成長しない時代の防災戦略を考える

4-1節、4-2節でみたように、21世紀に入った頃から、日本の災害の傾向には明らかな変化が生じている。これは、戦後の日本が、被害が広範囲に及ぶ災害の克服に取り組んで、それが一定の成果をあげはしたが、それとは裏腹に、その戦略が効果をあげないような災害が増加する構造的な変化が生じてきたことを物語っているのではないだろうか。

まず、戦後の日本で取られてきた災害克服の戦略を見直してみよう。例えば、市街地大火については、経済の成長を支える都市や建築づくりを大規模な災害の発生の防止と両立させるために、都心や大規模建築、市街地の幹線道路周辺の建物を耐火建築化し、常備消防の体制・装備を全国で確立して、これらを梃に火災の影響が及ぶ範囲に一定の限界を設けたうえ、避難による人命安全を確実化しようという戦略だった。

この戦略は基本的に欧米の大都市とも共通するが、日本の大都市、特に東京は、2章で述べたような経緯から耐火建築化は立ち遅れ、戦後の高度成長期に至って、常備消防への依存を深める形で漸く、市街地大火がいったん、克服された。この戦略は、行政的には建築規制と消防の役割を明確に分離できたため、公共的防災対策を必要とする大規模火災発生の抑制の効率化には有効で、この間、都市の人口集中・建築の高層化など火災安全上の負荷は著しく増大したにも関わらず、1990年頃以降も、地震時を除き焼失面積や犠牲者数の大きい火災の発生をほぼ抑止してきた。この考え方の基本は、気象災害において、堤防などにより外水氾濫の発生を抑止して気象災害全体の被害を軽減したのと大きくは違わない。

ただし、火災が起こった時、火災通報されるのは初期消火が困難になった段階と想定される以上、公設消防の現場到着時には、出火建物はすでに盛期火災となって内部は火の海になっている可能性が高く、人命危険も切迫しているという状況は改善できていない。つまり、この戦略は、避難に困難のない青壮年中心の人口構成となっていることや、都市の脆弱部分が持続的に更新されていくことを暗黙の前提として効果をあげていたといって過言ではない。この戦略が具体化してきた1960年代には、消防団員が多かったことも、この弱点の補強に役立っていただろう。当時、消防団員数は20世帯に一人前後で、団員経験者も含めれば、災害の初期対応能力の高い人は、町じゅうにいたから、消防隊が到着する前に火災の拡大を抑制したり、住民の避難を助けられる可能性は高かった。

　しかし、21世紀に入る頃からの日本では、その当時とは大きく異なる以下の状況が顕在化してきた。

①少子高齢化を背景とする災害弱者のみ世帯の増加による災害対応能力の全般的低下
②火災予防・消防支援を縁の下で支えてきた消防団を始めとする地域消防力の維持の困難化
③再開発が想定されていた密集地区の建て替えの停滞と家屋の老朽化の進行
④更新が予想されていた歴史的な建築物・市街地の保存の機運の高まり

　高齢者が集まって生活する福祉施設や宿泊所の火災では①の影響が、また、2016（平成28）年の糸魚川市の火災などの市街地火災における出火や延焼には①〜③の影響が窺われるが、避難困難な高齢世帯の増加、建て替えが進まない密集市街地の消防体制の脆弱化が日本の火災対策上の焦点となり、近代の都市防災政策枠組の有効性をも脅かしつつあることを示している。

　最後の④にあげた歴史的建築物の防火上の課題については、これまで触れてこなかったので、背景の要点を説明しておこう。

　文化財建造物の防災対策の根源は、後世に残すべき文化財を災害から守るためである。しかし、その課題は、阪神淡路大震災で、レストランとして保

存活用されていた重要文化財・旧居留地15番館が全壊したことや、1997（平成9）年に明治生命館が昭和期の現役の事務所建築として初めて文化財指定されたことなどを背景に大きく変化した。即ち、例えば、阪神淡路大震災での指定文化財建造物の全壊は、もし、地震の発生が昼間の営業時間帯だったならば、多数の犠牲者を出した可能性が高い。建物は震災直前に復原されていたから、仮にそのような事態になっていれば、文化財保存とは何か、という文化財保護の意味に根源的な疑問が投じられたであろう。また、近代建築も昭和戦前期の事務所や店舗、住宅などになれば、今日、普通に使われている各々の用途の建物とそれほど違わない使い方がされている。指定文化財は建築基準法を適用除外されるが、現実に火災などの災害を起こせば、事業者としての責任は免れない。現代の防災法令に適合しない状態で、現代的用途で歴史的建築物をどう安全に活用するかという、一般解を見出しにくい課題が顕在化してきたのである。

　重要文化財に指定された建造物については、文化財保護法が制定された1950（昭和25）年からの70年近くの間に合計84件の火災が報告されている。文化財建造物の出火率（文化財建造物の件数に対する1年当たり出火件数）は平均で1千件に1回に近く、それは、現代の一般的な施設とそれほど変わらない。しかも、火災のあった文化財建造物のうち16件は修理不可能として指定解除されている。歴史的建築物の保存や活用には、もともと、火災安全上の困難がつきまとっているのである。

　歴史的市街地については、歴史的景観などをよく残す町並みを保存するために、1976（昭和51）年に重要伝統的建造物群保存地区（重伝建地区）の選定が始まった。重伝建地区に選定されている歴史的市街地は、2018（平成30）年末までに全国で118地区に達し、2008（平成20）年からの約10年間に選定された地区は38と、全体の約1/3に上っており、歴史的街並み保存への関心は高まっている。しかし、その中には、木造の密集度が一般的な木造密集地区と特に変わらない地区も多く、高齢化も進む地域自体の文化的価値を災害から守る本格的な取り組みが急務となっている。

　歴史的建築物や歴史的街並みでは、建築的な防災対策に限界があり、火災で文化財的価値を喪失する危険が大きいが、高齢者施設などでは火災の早い

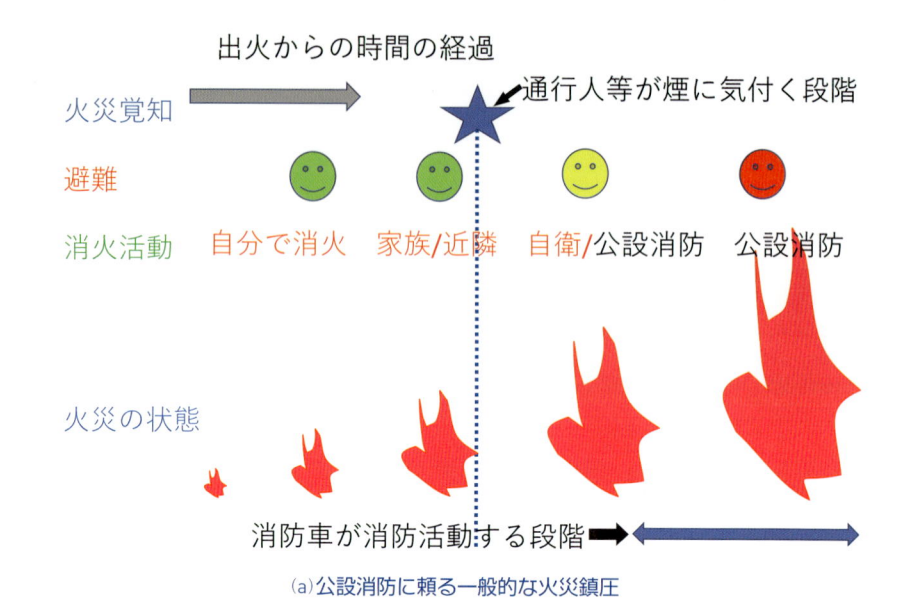

出火からの時間の経過

火災覚知　　　　　　　　　　　　　通行人等が煙に気付く段階

避難

消火活動　　自分で消火　家族/近隣　自衛/公設消防　公設消防

火災の状態

消防車が消防活動する段階

(a)公設消防に頼る一般的な火災鎮圧

図4-12　火災の拡大経過とその鎮圧戦略

段階で人命危険が生じること、密集地区では出火家屋から周囲に延焼し始めてからの火災拡大が速いことはすでに見た通りで、いずれも火災が大きくならない段階で適切な対応行動をとる必要がある。また、地方の孤立的市街地では、その地域だけでは消防体制も装備も大火災に立ち向かうには不十分であり、火災が小規模な段階で火災鎮圧する必要が大きい。このように、21世紀に入った頃から顕在化してきた建築や都市の状況がもたらす火災危険は、火災がまだ小規模で消防活動に多大な消防力を必要としない間に火災拡大抑制を図る必要が大きい点で共通している。

　火災は、発見が早ければ早いほど燃焼規模が小さく、消火自体には専門的な能力も機材も必要としなくなる。また、出火の発見が早くなるほど、火災を鎮圧する能力のある人が増えることになり、身近に必要な機材を確保しておけば、迅速に火災鎮圧できる可能性を高められる。

　そこで、火災を早く発見して、火災が小規模な間に消火や避難誘導などの火災対応行動を開始できるようにするという火災対策枠組を考え、それを現在の基本的な火災安全対策枠組と比較して、図4-12に示す。図では、右に進

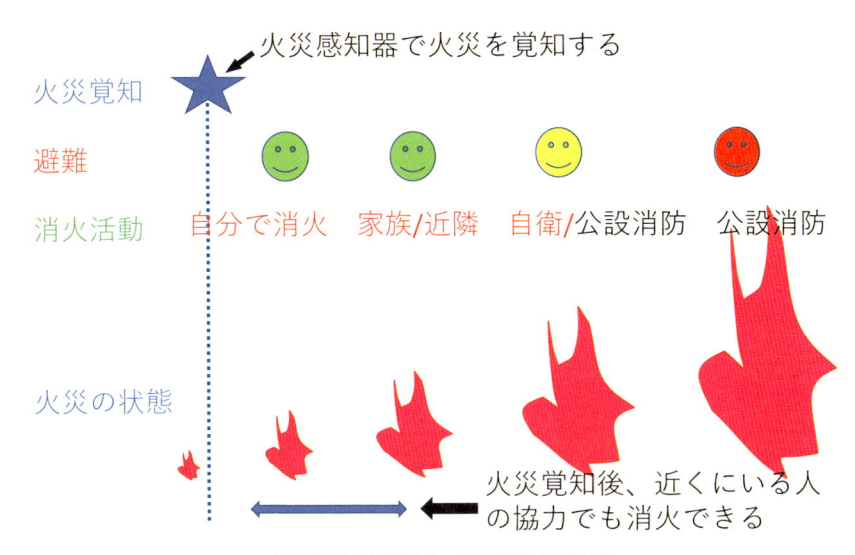

火災覚知　火災感知器で火災を覚知する

避難

消火活動　自分で消火　家族/近隣　自衛/公設消防　公設消防

火災の状態

火災覚知後、近くにいる人の協力でも消火できる

(b)火災覚知の早期化による早期火災鎮圧
(図4-12　続き)

むほど出火から時間がかかっており、それによって火災の規模が大きくなるとともに人命への脅威が増し、消防活動の負担も大きくなっている。

　ここで、火災の規模は時間とともに拡大し、火災を覚知できる条件や消火設備で鎮圧できる火災の規模、被害の許容限界は、いずれも、火災による発熱速度で表現できるものとして、この火災対策枠組の考え方を記号と数式で表現してみよう。

　対策枠組の検討を記号と数式で考察するのは問題を単純化しすぎるように見えるかもしれない。しかし、防災対策の要素は、建物の対策から自主防災、常備防災まで様々である。さらに施設や地域の状況によっては防災対策要素の選択に大きな制約がある中で、多様な要素をどう組み合わせれば効果をあげられるかを具体的に考えやすくするためである。ここでは火災の規模を発熱速度で表すが、これは炎の大きさや火炎周辺の温度などは、何が燃えてもほぼ発熱速度だけに支配されるからで、発熱速度が火災危険や防災対策要素の性能を評価する上で鍵となる指標だということである。

　まず、火災が時間 t とともに拡大するとして、それを発熱速度により $Q(t)$

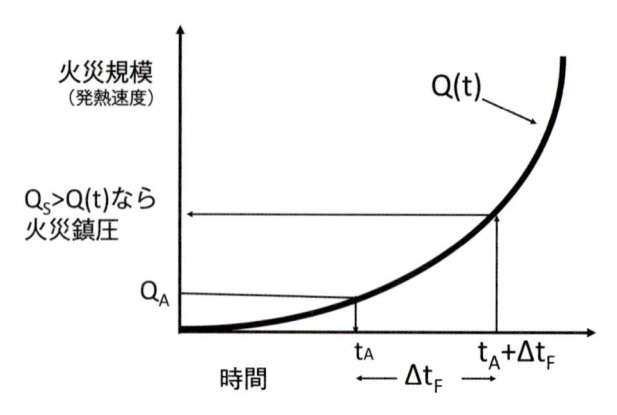

図4-13　火災の成長と火災覚知・鎮圧行動の成否

で表す。火災感知器は火源がQ_A(kW)に達すると作動すると仮定し、火災感知器の作動後、火災鎮圧を行うまでにかかる時間をΔt_F、利用できる消火設備・体制で鎮圧できる火災規模を発熱速度で表してQ_S(kW)とする。そうすると、出火後、火災感知までの時間は、$Q(t_A)=Q_A$となる時間t_Aとなり、Q_A、Δt_F、Q_Sの組み合わせが$Q(t_A+\Delta t_F)\leqq Q_S$となるようになっていれば、火災鎮圧が可能と判断できる（図4-13）。なお、火災が起こった時に許容できる火災規模をQ_C(kW)とすると、当然だが、$Q_S\leqq Q_C$となっていなければならない。

　このように表すと、後は、Q_A、Q_S、Q_C、Δt_Fの値を具体的に求め、時間を変数とする$Q(t)$が、出火から大規模火災にまで拡がっていく様子を再現するように設定すれば、火災鎮圧できるかどうかを評価できることになる。このうち、Q_Cは、火災から何を守ろうとするかによるだろう。例えば、文化財のようなものは、物理的に僅かな損傷でも文化的価値を大きく損なう可能性があるのでQ_Cは小さくなる。Q_Aは、火災感知器ならその機種と感知器・火源の位置関係で定まり、Q_Sは、基本的に消火器・消火設備などの性能で定まる。Δt_Fは、火災感知器の信号を受けた施設管理人が作動した火災感知器の場所に駆けつけて消火に当たるのなら、警報を受けてから作動した感知器の位置を確認して消火活動の準備をしてその場所に駆けつけ、出火位置を確認のうえ消火器・消火設備を用意して操作するまでの時間である。受信盤・消火設備などと火災感知器の位置関係が、Δt_Fを決める重要な要因であろう。

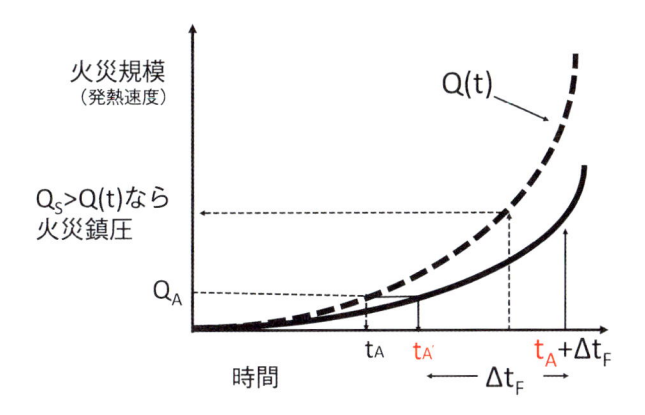

火災規模
（発熱速度）

$Q(t)$

$Q_S > Q(t)$なら
火災鎮圧

Q_A

t_A　$t_{A'}$　　$t_A + \Delta t_F$

時間　　　　　Δt_F

図4-14　火災の成長と火災覚知・鎮圧行動の成否（火災成長を制御した場合）

　火災拡大の様相を表す$Q(t)$は、建物火災なら出火の様態、可燃物や室の状況などによって異なり、市街地火災を考える場合でも出火建物や市街地の建物の防火性能、気象条件などによって異なる。$Q(t)$に影響する要因のうち、出火の様態については、放火や調理中の炎上などは、最初から大きな火炎が形成される可能性が高いので早くQ_AやQ_Sに達すると考えられること、建物の防火性能は、法基準やその遵守状況にほぼ支配されること、可燃物や室の状況は建物管理で制御できないわけではないこと、気象条件は制御できないが建物の防火性能が高いほど、その影響は受け難いことなどに留意しておこう。

　火災感知する時間t_Aは、火災規模がQ_Aに達する時間なので、火災拡大が緩慢になれば長くなる（図4-14）。しかし、Δt_Fは、人間や組織が消火する場合は、①火災を感知したとの情報が火災対応できる人・組織に伝えるのにかかる時間、②火災対応の準備にかかる時間、③火災現場にかけつける時間、④火災を確認して消火を始めるまでの時間の和であるから、火災拡大の様相そのものとは直接、関係しない。そこで、火災拡大を緩慢にすれば、発熱速度がQ_Aに達した後の発熱速度は、常に元の状態より小さくなるので、$Q(t_A + \Delta t_F)$の値もΔt_Fが変化しない分、小さくなる。そのため、火災拡大を緩慢にすることにより、火災鎮圧にあたる段階での被害や火災危険を抑制できるうえ、火災鎮圧能力が低くても消火できる可能性を高くすることができる。一方、自動消火設備に頼る場合は、自動消火設備が作動する火源規模がQ_{SA}(kW)であ

るとすると、消火までの時間は単純に $Q(t_{SA})=Q_{SA}$ となる時間 t_{SA} となり、火災拡大を緩慢にできたとしても、消火までの時間が長くなるだけということになる。この意味で、自動消火設備は、内装の防火性能の制御や可燃物量など、建物の仕様や施設管理による防火対策の実施が困難だったり、その信頼性を確保できない場合に適した対策であるといえる。

ここで、火災を鎮圧する対策を、火災覚知、消火体制・設備、火災拡大制御の三つの要素に分けて、市街地大火を見直すと、大火が多かった時期には火災感知器も火災報知設備も普及していなかったため、t_A が長かったうえ、建物の火災拡大を制御できず、Q_S も小さかった。そのため、$Q(t_A+\Delta t_F) \leqq Q_S$ を満足するにはほど遠く、大火を頻発させていた。

それに対して、戦後に導入された防災法令や都市防災政策は、最も火災件数の多い住宅については出火した世帯の人命安全の確保は住んでいる家族に任せて規制対象とせず、建築レベルでは、出火世帯以外の世帯や出火に責任のない不特定多数の人命安全の確保、都市レベルでは、複数建物への延焼防止や市街地大火の防止を目標としていた。法令では、基本的に火災覚知の早期化は期待されておらず、t_A は長いままである。そのため、住宅などでは出火家屋の焼損防止までは追求せず、出火建物から他の建物への延焼を防ぐことを基本的な目標とするなど、Q_C は当時の現実に合わせて設定された。その代わり、Q_C が大きくても、建物が崩壊して建物全体からの避難や消防活動には重大な支障が生じないように、大規模建築の構造規制や市街地における建物外壁の防火規制に重点を置き、高度な訓練を受けた防災要員や消防士の活動を前提とする消防設備を設置する防災基準となったといえる。

4-1節や4-2節で述べた近年の災害に見るように、21世紀に入った頃からの日本の生活の状況には、この考え方の有効性を突き崩すような面が多いが、それは、色々な災害において、災害を引き起こす現象の規模が小さくも大きな被害が発生するようになったということである。

これは、数式上は、Q_C が小さくなって、$Q_S \leqq Q_C$ や $Q(t_A+\Delta t_F) \leqq Q_C$ を満足できなくなったと解釈できる。一方、糸魚川市の市街地火災や城崎温泉の繁華街の大規模火災では、長屋のように連なった商店街の屋根裏を通じて、早い段階で多数の世帯に延焼してしまったが、現在の法令に適合しないこのよ

うな状況での延焼は、消防の想定よりも、$Q(t)$ の拡大が速く、消防隊の能力を上回って $Q(t_A+\Delta t_F) \leqq Q_S$ を満足できなかったということであろう。

図4-12 (b) のように、火災がまだ小規模でその鎮圧に多大な消防力を必要としない間に火災鎮圧しようという戦略を、この数式上で要素に分けて考えると、次のいずれか、または組み合わせによって、$Q(t_A+\Delta t_F) \leqq Q_S \leqq Q_C$ を満たすようにする、ということになる。

(1) t_A や Δt_F の短縮

(2) $t_A+\Delta t_F$ を短縮できた場合に適した火災鎮圧方法の開発・整備

(3) t_A や Δt_F を短縮できなくても $Q(t_A+\Delta t_F)/Q(t_A)$ を小さくする方法の開発・整備

このうち、(1) の t_A の短縮の基盤となる火災感知技術や火災を感知した情報の伝達技術は、基本的には、現在の対策枠組が制度化された1960年代以後、飛躍的に進歩し、低価格化が進んでいる。災害性の現象を早く覚知して伝達する技術は、緊急地震速報に見られるように、基本的には、地震や台風のように広域的な自然現象を背景とする災害に関しては、基盤は出来上がっているといえる。したがって今後の災害の被害軽減対策では、災害覚知の早期化を手掛かりとして被害を軽減していく方法を構築していくことが、災害の種別を問わず、核心的な課題となっていくに違いない。

このことは、例えば、火災については、火災感知器の警戒範囲に漏れがないようにする配置基準の整備と非火災報の発生の軽減を実現のうえ、感知器の発報場所をすぐに認識できる表示法を開発することが、(1) のハードウェア上の開発課題であろう。t_A を短縮できれば、仮に Δt_F を短縮できなくても $Q(t_A+\Delta t_F)$ は小さくなって、身近な人やこれまでより少ない人数で火災鎮圧を行いやすくなる。そして、身近な人や組織でも火災鎮圧できるのであれば、基本的に Δt_F も短くなる。

こうして、$t_A+\Delta t_F$ を短縮して $Q(t_A+\Delta t_F)$ を小さくすることができれば、操作に必要な人数や専門的知識・訓練が少なくて済む消防設備でも火災鎮圧できることになる。そして、それに有効に利用できる小型で使いやすく、低価格の消防設備を整備することが、効果的な戦略となる。これが、(2) である。

一方で、火災を早く覚知できれば、火災が大きくならない間に鎮圧できる

ようになるといっても、いつ起こるかわからない火災が発生した時にすぐに火災鎮圧に向かうことができる人・組織を確保するのは、そう容易ではないかもしれない。火災鎮圧を、出火場所の近くの人で担えるようにすることができれば、遠方の常備消防が駆けつけるのに比べて、Δt_F を短縮する効果は大きいはずだが、それが無理で、Δt_F を短縮できなくても、t_A を短縮できていれば、$t_A + \Delta t_F$ は短縮でき、その時の火災規模は小さくなっている。ただし、火災鎮圧にあたる時の火災規模は、出火場所に近い人や組織が対応できる場合よりも大きくなるが、火災鎮圧を始める時の火災規模が大きいほどその鎮圧には高度な消防能力が必要となって、常備消防や消防団に依存するなど火災鎮圧の外部化が必要になってくる。それらが出動するには、火災が起こっていることの確実性が重視されるから、出火情報の伝達は遅くなる傾向が強くなるだろう。つまり、Δt_F を短縮できない場合には、t_A も、それほどは短縮できない可能性が大きくなるのである。

　ところで、$t_A + \Delta t_F$ を短縮できなくても、想定される $t_A + \Delta t_F$ なりに $Q(t_A + \Delta t_F)$ が小さくなるようにすれば身近な防災体制で火災鎮圧できるようになる。これが（3）である。

　（3）を達成するためには、火災の規模が許容限界 Q_C に達するまでの時間を長くすればよいが、一般に、火災拡大の制御は火災の規模が大きくなるほど困難になり、その方法も限られてくるものである。例えば、住宅や福祉施設の火災が、①厨房器具、暖房器具、タバコ、電線コンセントなどから出火して、②その周辺の他の可燃物や内装、カーテンなどに燃え移り、③さらに室全体の火災に広がった後、④他の室に燃え広がっていくという火災シナリオを考える。他の室で人命危険が生じるのは④の段階であるが、出火室以外の場所にいる人が煙などで火災に気が付くのは、せいぜい、②か③になってからである。それでは他室で人命危険が生じるまでの時間の余裕が少なく、消火器で鎮圧するのも難しい。そうすると、他室にいる住民が助かるようにするには、④に至るのを防止あるいは遅延させるか、住民が窓から直接、外に避難するしか方法はない。この場合、自動消火設備によらずに④に至るのを防ぐには、居室の扉を防火性能のあるものとしたり、天井裏などを媒介に煙が急速に拡大するのを防ぐしか方法はない。

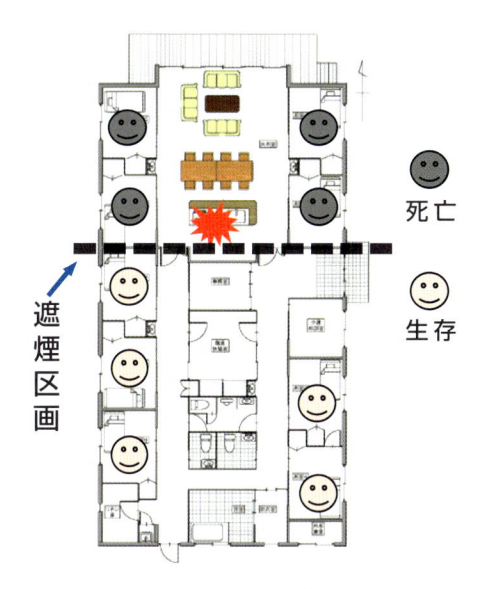

図4-15　長崎県大村市グループホーム火災(2006)
LDK・廊下間で遮煙した場合の被害軽減効果

　一方、火災感知器を適当に設置すれば、それが作動するのは①の段階であ
り、④に至る前に、①や②、③の段階で火災拡大を遅らせる対策を講じる余
地が生じる。現在の一般的な防火対策メニューから拾うと、①については発
熱器具の安全装置や寝具・家具の防炎製品化、②については可燃物量の抑制、
防火性能の高い内装や防炎カーテンの利用などが考えられよう。このように、
火災を覚知するのが早いほど、消火や避難を行うまでの時間を稼ぐ方法は多
様になり、概して、容易な方法を選択できるようになる。高齢者の住まいな
どで、避難が終わるまでの間、出火室から他の居室に煙や火災の拡がらない
ようにする方策も、低層建物や消防隊などによる救助が期待できる計画内容
になっていれば、現行法令の標準メニューである防火設備や準耐火構造壁な
どほどの性能を求めなくても、効果をあげる方法はいろいろ考えられよう。例
えば、実際に火災が起こったグループホーム（図4-9）において、仮に、火気を
使うLDKと廊下の間の小屋裏に火炎の拡がりを防ぐ隔壁を設けてあったなら
ば、それだけでも、LDKに直接、面していない個室にいた住民は犠牲になら
なかったであろう（図4-15）。本火災では、消防隊は、通報後、十数分で消防活

動を開始していた。結果論だが、この隔壁は、不燃板を隙間のないようにしておく程度で、効果をあげたはずである。

　LDKの出入口の扉を遮煙性能のあるものにし、小屋裏に不燃隔壁を設けた時の被害想定。犠牲者を3人は減らせただろう。LDKに直接面する個室も、扉と小屋裏の遮煙化ができれば、救えたかもしれない

　無論、火事はどこで起こるか特定できないから、出火に近い段階で火災拡大を制御するためには、発熱器具や家具、可燃物など、色々なものについて制約を設けることが必要になる。それは、対策を火災が出火室内で広がってしまった④の段階に集中させて、防火性能のある扉により火災危険の拡散を防ぐのに比べて煩瑣になることは否めない。したがって、可燃物や家具の管理やルール作りが困難な一般住宅では、出火に近い段階で火災を制御するのは困難だろうが、福祉施設や病院などでは家具や寝具を施設管理者が用意するから、個室などの可燃物の扱いのルール作りを含めて、不可能な取り組みではないだろう。

　ここで説明した（1）〜（3）に適した防災対策メニュー、特に利用にあたって専門的な知識や高度な訓練を必要としない対策技術自体は、すでに色々に開発されている。例えば、（1）については、2006（平成18）年に消防法に導入され、それ以来、住宅では義務設置されている住宅用火災警報器（住警器）があり、（2）については、消火器をはじめ、一人で操作できる易操作消火栓などが該当するだろう。また、（3）については、出火後、本格的な室火災に拡大する要因となりやすいカーテンなどの燃え広がりを抑制する防炎製品や、タバコを落とした時などに出火しやすい家具・寝具などを着火し難くする防炎物品があり、内装材料の防火性能を規制する内装制限などともある。ただ、これらの防災対策については、適切に利用した時に、避難時間をどれだけ稼ぐことでできるのかとか、家具に防炎物品を用いるのと内装の防火性能を高めるのとどちらが効果が大きいのかなど、施設の防災対策を、施設の現実の状況に即して具体的に検討しようとする時に生ずる疑問に答えられるような基準が整備されているわけではない。防災法令で義務付けられている対策以外は、なかなか、世の中で普及していないのは、そのためもあるだろう。

　消防設備と内装材料や可燃物の量・防炎性能などは、これまで全く別々に

考えられてきたきらいがあるが、根拠法令がまちまちであることも一因だろう。本節で、火災の規模やその拡大の様相、各種防災対策の火災鎮圧能力などを発熱速度に置き換えて説明したのは、前述のように、それらの状況や性能を単一の指標で表現することにより、異質と思われている各種の防災対策を火災鎮圧に対する有効性という観点から明快に評価できるようにするためである。それを通じて、防災に関する複雑な根拠法令の溝を超えて、防災対策全体が構成された時に火災鎮圧の可否やその確率を評価できるようにしたい。現在の防災対策の仕組で、ここに使われた記号がほぼ数値化できているのは、消火器や消防設備の能力（Q_S）や、火災感知器が作動する条件 $Q(t_A)$ 程度かもしれない。今後、他の要素を把握していく必要がである。

　さて、ここまでの考察では、災害として火災を想定したが、この考え方は、自然災害における避難にも、記号を、各災害の対策において対応する概念に置き換えれば、原理的には適用できよう。例えば、台風は、かつて毎年のように膨大な数の犠牲者を出し、伊勢湾台風（1959、死者・不明5,098人）、洞爺丸台風（1954、死者・不明1,761人）、狩野川台風（1958、死者・不明1,269人）のように、単独で死者・行方不明者が1,000人を超える事例もあったのが、近年では少なくとも犠牲者数は大きく減少した。その基本的な背景は、台風の発生から日本列島に至るまでの経路を観測、予測できるようになったからである。台風の発生や移動は、1964（昭和39）年に富士山レーダーが設置されるまで、明確には把握できていなかった。そのため、台風を認識してから襲来までが短かったのに対して、その後は、観測システムと大気運動のシミュレーション技術の飛躍的向上により、台風の経路や風向風速を何日も前から予測できるようになった。これは、上の記号では、t_A が段違いに短くなったことを表している。地震についても、震源から遠い地域では緊急地震速報により実際の揺れが始まる前に地震の到来を把握することが可能になってきた。

　筆者の研究室では、津波避難の研究も行ってきたが、地震を原因とする津波については、地震の発生から津波の到来まで、ある程度の時間がかかる場合がほとんどであり、その間に安全な場所に避難できるようにすることが避難計画の基本となる。その点は、ビル火事で、出火から建物内各所に人命危険が迫るまでの時間が基本的に予測可能で、その間に在館者が屋外に避難す

ればよいとする避難計画と共通する。まず、地域における津波到達時間や津波浸水深の予測値を踏まえて、地域の道路、津波避難場所の地理情報をもとに、津波が予想される場合に安全な場所に避難するための計画をたてることになるが、避難に必要な時間は、基本的に避難距離と歩行速度から算定できるので、その見積もりに、特に専門的な知識が必要なわけではない。避難経路を実際に歩いてみて歩行時間を検証するとともに、避難の目印になるものを確認したり、避難の時間帯や天候によって避難に支障がないかどうかを調べれば、津波防災訓練としても大きな意義があるだろう。いずれにしても、自然災害は、地震、津波など、被害性の自然現象の到来を防ぐことはできなくても、その到来までの時間を把握することができれば、その間に被害を軽減する対策行動を取ることはできる。今後、それに基づいた防災対策手法や防災計画の推進ができれば、大規模な自然災害の被害軽減に大きな成果をあげることができるだろう。

　台風や豪雨が地域に迫るまでの予測はこうしてさらに進むだろうが、台風や豪雨が地域に迫ってくると、局地的な地形や都市構造、建物の構造なども被害の様態に影響するだろう。そうなってからの対策に、これまで述べてきた考え方はうまく当てはまるだろうか。台風や豪雨が地域に迫ってから災害に至る経過とそれに対する対応の関係を整理しようとすると、現状ではt_Aを、ここまで考察してきた場合ほど明確に定義するのは難しそうである。

　つまり、火災は、期待されていない状況での燃焼現象、という日常とは明らかに異なる現象として明確に定義でき、それを覚知する時間がt_Aであった。地震も、現代では、震源の位置とエネルギーから被害性を判断でき、その発生を覚知・通報する時間をt_Aとして、大きな誤りはないだろう。しかし、台風や豪雨を背景に氾濫や土石流が発生する時には、その前に相当長い時間、強い雨が続いている場合がほとんどで、そのどの時点で、災害の発生の可能性を覚悟しなければならなくなるかどうかはそれほど明確に把握できるわけではない。特に土石流では、土砂や倒木などの流出が始まってから、建物などに具体的な被害が及ぶまでの時間は極めて短いから、地域住民が危険の発生を早く覚知する必要は大きい。しかし一般的に考えれば、土石流の発生を支配しているのは降水量の他に地形や地質的条件、斜面の土地利用や植生など

であるとすると、我々はまだ、個々の地域で豪雨などが降った時、土石流が発生するかどうか、また発生するとしたらいつ発生するのかを予報できる段階からはほど遠い。仮に技術的に土石流の発生を予測できるようになったとしても、実際に予測するには、当該場所の植生や岩石の状況を日常的に把握のうえ、豪雨の状況や当該場所の状況を逐次、モニタリングする必要があるだろう。しかも、土石流の発生が迫ってから被害発生までの時間が短いということは、被害発生前に公的な救援を行うのも困難ということである。

　ここで、4-4節で紹介した奈良井の土石流災害を振り返ると、避難場所に集まっていた住民は、地域を知悉する人物の助言で他の場所に移動して命拾いした。この事実は、局地的な自然災の発生が迫ってからの行動規範や被害軽減の方策に対して重要な論点を提起しているのではないだろうか。

　それは、次のようなことである。

　外水氾濫のように地域の広い範囲が同時に危険になる場合は、地域全体の危険の接近を予測して放送や携帯電話などで一斉に周知させる術がある。地震も、ほぼ同様である。それに対して、災害を引き起こす現象が市街地の内部やそのすぐ近くで局地的に発生する場合には、危険が迫る状況を遠隔探知して避難に必要な情報を当該地域の個々の住民に知らせるようなことは当分できないだろう。水害のような気象災害では、局地化するほど背景となる現象の発生から被害の発生までの時間が短く、その分、住民が実行できる災害対応の内容は限られる。危険が迫っている可能性だけでなく、被害の軽減にはどんな対応が合理的なのか、住民やその家族などの状況に応じて理解できるようにするための情報を得られることが必要である。

　奈良井の土石流災害では、その全体の役割を、土石流災害の危険を指摘した住民が担っていた。それは素晴らしいことだったが、そのような人物が、どの地域にもいるわけではないから、その役割を特定の個人に期待するのではなく、システムとして構築する必要がある。地域に災害が迫ってくる状況を的確に把握しながら、住民の状況にあわせて、どんな災害対応行動が必要か、また、どこにどんな経路で避難すべきかを発信できる仕組みを構築することが、これからの地域災害対策の重要な課題ではないだろうか。そして、災害が迫っている可能性が高い時に最後に行動しなければならないのは住民自身

である。この仕組みの中で、住民自身が地域の災害リスクを基本的に理解し、必要な行動が取れるようになっていくことが必要である。

4-4　災害に強くない建物でつくる防災都市の実践
──伝統的建造物群地区での試み

　建物自体を災害に強くしなくても、安全に生活できるまちをつくることができるのか。前節では、災害の原因となる現象の発生の覚知を早めることを前提として、従来、顧みられることの少なかった各種の防災対策を改良したり、組み合わせたりすることによってそれを達成する計画法の考え方を述べた。しかし、火災感知からその確認、火災鎮圧、在館者の人命安全確保までを全て自動化するのでない限り、それを達成するためには、住民や施設管理者が何らかの積極的な努力を払うことが必要である。具体的には、火災が小規模な段階での消火、可燃物の量の管理、同居する家族などや施設利用者、近隣住民の避難誘導や介助などである。水害や地震も同様である。それらの行動をどの程度まで行い得るかによって、必要な防災体制や防災対策の内容は変わってくる。戦後の防災対策枠組は、そう意図されたかはともかく、できるだけ人、特に一般市民に頼らない仕組みづくりに向かってきた。その結果、人の災害対応能力に係らず高い水準の安全の実現に成果をあげたことは確かである。しかし、一方で、それは共助体制の維持を解体してきており、今日、頻発しているゲリラ的な各種の災害は、その方式をもってしても、人の安全確保が難しいほど、社会構造の変化や高齢化が進んでいることに起因している。今までとは違う方向を考えざるを得なくなっているのではないだろうか。

　人がどの程度、防災に取り組むことができるのか、机上ではいろいろ考えられても、制度や技術さえあれば自然にできていくというものではない。これまでと違う災害対応体制を立ち上げるには、少なくとも、最初のうちは、それに取り組んでみようという人がいなければ、何も始まらない。

　しかし、筆者がそのようなことを考える前から、その取り組みの必要を感じている人たちがいた。歴史的町並みに代々、住みながら、その保存継承に取り組んでいる人たちである。

　1994年、建設省建築研究所で防火研究室長を務めていた時に、岐阜県高山

図4-16　高山三町重要伝統的建造物群保存地区の景観

市から文化庁を通じて高山三町重伝建地区の防災事業の見直しへの協力依頼があった。重伝建地区には、木造建築が密集する市街地や草葺屋根が建ち並ぶ集落もあったから、消火栓や放水銃などの消防設備の設置が進められ、地域によっては自主防災組織を立ち上げていた。しかし、自主防災組織の実力を踏まえて、どんな防災設備が必要かは、当時、検討されることはなかった。高山三町は、重伝建地区が制度化されて間もない1979（昭和54）年に重伝建地区に選定された（図4-16）直後に消火栓の整備などの防災事業が行われていたが、もともと自主防災活動も活発だった。この防災事業の内容が常備消防や消防団の活動を前提としたもので、住民による自主防災活動とつながっていないことや、木造の町家がずっと続いている町並みでは、出火家屋の火災鎮圧に失敗すると、火災が無制限に広がる危険があることについて、見直しをしたいとのことだった。

　研究所でこのような相談を受けるのも珍しいことだったが、木造密集市街地に等しい市街地内の重伝建地区で、自主防災活動を推進するという取り組みは、大変、新鮮に感じられた。

図4-17　北海道南西沖地震・奥尻島青苗地区の津波火災(1993)

　筆者は、その前年の1993（平成5）年に、北海道南西沖地震の被害調査を、日本海の北海道奥尻島で行っていた。奥尻島では、津波や市街地火災も起こったが（図4-17）、大津波に襲われながら、ほとんどが無事に高台に避難できた地区と多くの犠牲者を出した地区に分かれていた。奥尻島は、その10年前の日本海中部沖地震でも津波被害を受けていたが、人的被害に差が生じた原因は、どうやら日本海中部沖地震の津波の記憶継承とそれを背景とする住民の防災訓練の差だと推測された。そこから、地域災害時の人命安全対策は、防災設備の整備や消防などの公的機関の対応だけでは不十分で、住民が災害発生時に迅速に必要な行動を行うための取り組みが必要だと思っていた。当時は、大規模建築などについては、火災性状の予測技術が進展し、それを背景に、防災計画は計算づくで成り立つようになる、と思われていた感があった。しかし、仮に災害を引き起こす現象を計算で予測できるようになったとしても、避難安全は、実際に人間が自分の足で避難しなければ成り立たないことを実感させられた出来事だった。

　さて当時、大都市の密集市街地の状況の改善は、長い間、停滞していた。一方、重伝建地区は、歴史的・文化的価値はともかく、防火的にはほぼ密集市街地と大同小異の状態を未来に継承していこうとしているわけである。

　その継承に、火災は当然、重大な脅威であり、それを、木造の街並みに手を付けずに解決することができれば、密集市街地で建物を更新するのとは違う方向で、防災都市化を実現できるのではないか。研究所では、筆者が高山市の相談に乗ることになったが、高山市では防災事業の見直しのために委員

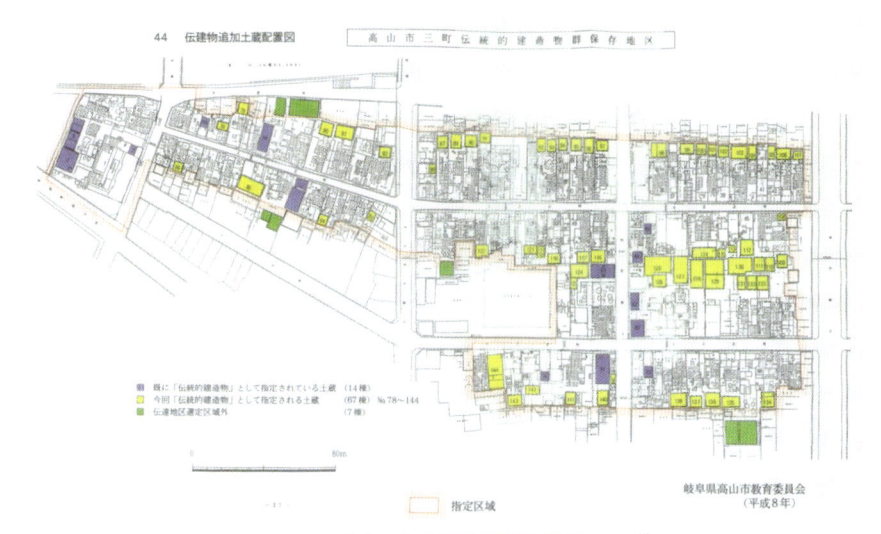

会を組織することになり、歴史的建築物保存や防災の専門家として、室崎益輝神戸大学教授（当時）や上野邦一奈良女子大学教授（当時）が参画されていた。高山三町からは、保存会を長年、世話して、その防災会会長となっていた川尻又秀氏が委員で、事務局は高山三町の重伝建地区選定以来、保存事業に当たってきた田中彰氏がとりまとめ、文化庁では、京都での歴史的景観保存で実績をあげられていた苅谷勇雅氏が担当されていた。

　高山三町は、天領だった江戸時代に市を南北に流れる宮川の東側に形成された町人地が、明治初期の市街地大火でほぼ全焼してしまった後に復興された市街地である。三町の名の通り、重伝建地区は、三つの町会に分かれている。一方で、高山三町の高齢者率は当時、20％を超えて全国平均を大きく上回っており、出火の危険や火災時の避難の困難などが懸念されていた。そこで、歴史的建築物を保存しながら市街地での火災拡大危険を抑制する、という視点で、高山三町を見ると、それに有効な色々な特徴が見えてきた。

　例えば、高山の歴史的市街地を歩くと、土蔵は、道路からはほとんど見えないが、それは、土蔵が宅地の奥にあるからである。そのため、高山三町の景観は、道路両側には火災に弱い木造の町家が軒を連ねるものの、その背後には土蔵がほぼ途切れなく列を造っていた（図4-18）。土蔵の直接の役割は、内

図4-19　高山三町の旧家入口に架かる消火用具(平田記念館)

部に収納する財産の火災からの保護だったが、こうして土蔵が並ぶと、その
いずれか一方の町家が火災になっても、土蔵の背面に対しては延焼が起こり
難くなる。実際に、土蔵の並び方を見ると、歴史的に延焼遮断帯として活用
されていたことを窺わせる特徴が数多く認められた。外壁のメンテナンスの
ためのスペースと背後からの消防隊の進入、住民の二方向避難を兼ねたと思
われる土蔵脇の狭い通路などがそれである。

　さらに地区の旧家を訪れると、入口から土間に入った直上に油紙を貼った
古い竹籠が多数並んでいることがあるが、それは火災の時のバケツリレーに
使われていたという（図4-19）。今見ると実効性のないおまじないのように見る
が、恐らく、実際に機能していたのだろう。地区の大きな商家や造酒屋には、
昔は多数の使用人が住み込みで働いていた。そこで、臭いなどで火災に気が
ついた段階ではまだ火災の規模は小さいので、バケツリレーで鎮圧できてし
まうことが多かったに違いないのである。

　高山は、多数の屋台が繰り出す春秋の祭りでも全国的に知られている。屋

図4-20 高山三町自主
防災会の防災訓練(1999)

図4-21 高山三町の秋葉講の例

台を収納する屋台蔵は重伝建地区内にいくつもあるが、屋台蔵のある敷地に
は消防団や自主防災会の消防設備・器具などの保管庫も設置されていた。そ
れどころか、屋台を曳くメンバーである屋台組は、自主防災組織とほぼ一致
している（図4-20）。つまり、祭りで屋台を曳く時のリーダーが、その地区の自
主防災のリーダーでもあるということであり、自主防災活動の活発さが窺わ
れた。地区では当時から女性消防隊も組織されており、消防ポンプの操作の
訓練を受けている人もいた。さらに、高山の中心市街には道路に面して祠が
多数見られ、近隣の世帯で祀られている（図4-21）。秋葉講と呼ばれる習俗で、
秋葉講一単位の世帯数は一定しないが、親密な近隣世帯間で祠の世話をしな
がら、世間話をする場となっていた。その関係は、家族の間でも話題にする
のが難しい悩み事の相談もできるようなものだという。

　これらを踏まえて、高山三町で市街地での火災拡大の危険を、町並み保存
と両立させながら最小化する方策として、次の対策を提言した。

（1）各世帯への火災感知器の設置と火災を自主防災組織が早く認識するた
　　めのネットワーク化
（2）火災発見者や自主防災組織による消火のための易操作消火栓の設置
（3）町家の背後の土蔵列の延焼遮断帯としての活用

　このうち、（1）は、住宅の中まで知っている共同体として秋葉講に注目し、
秋葉講を構成する世帯の間で火災感知器の信号を共有するシステムを構想し
た。ケーブルで繋いだ世帯のいずれかで火災感知器が作動すると、信号がグ
ループ内の他の世帯にも伝わるという仕組みである（図4-22）。（2）については、

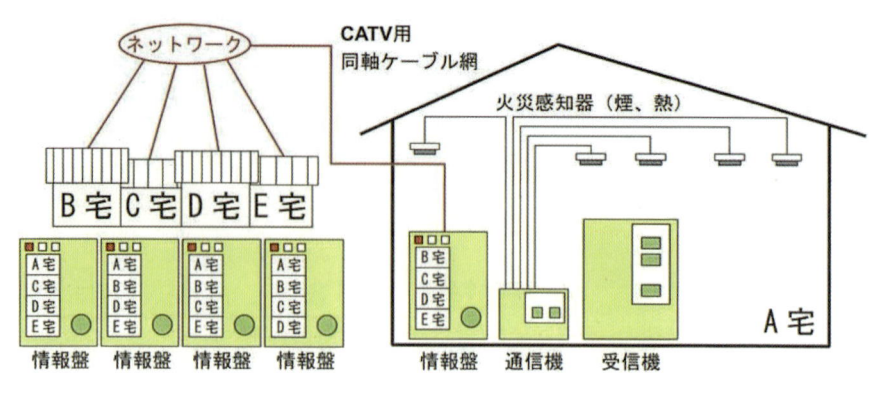

図4-22　高山三町のグループモニターの仕組み

火災を早く認識した人が単独でも消火活動に当たれるようにするために2号消火栓を地区内に、非警戒部分が生じないように配置する計画とした。

　当時は、住宅用火災警報器が未開発で、（1）のようなシステムは住宅用としては実用化されていなかった。そのため、ビルなどで使われている受信盤をもとに、有線で数世帯を接続するシステムを構築した。火災感知器は火災以外の原因で作動する場合もあり（非火災報という）、その信号が他の世帯に伝達されると混乱を招く可能性もある。そのため、火災感知器が作動すると、まず、その世帯の受信盤だけで警報が発せられ、その住民が現場を確認して、非火災報の場合には受信盤の連動停止ボタンを押せば他の世帯には信号は送られない仕組みにした。もっとも、感知器が作動した世帯が留守だったり、実際に火災になっていてその対応に追われていれば、連動停止ボタンは押されないままとなる。そのため、一定時間ボタンが押されないと、近隣世帯の受信盤で火災の可能性があるというメッセージが発せられる設計とした。また、受信盤はビル用のままでは一般住民には操作が困難なうえ、上記のようなこともできないので、改造のうえ、操作表示を分かりやすくした。

　しかし、それでも、火災感知器を歴史的な町家建築でどこに配置し、どのような感度とするのが適当かわからなかった。そのうえ、住民が使いこなせるかどうかもはっきりしなかったので、有志数世帯を募って、試作のシステムを1年間、モニターとして使用してもらったり、空家となっていた町家を

図4-24　高山三町の火災(1996)

図4-23　高山三町
空家を使っての火災初期煙流動・
火災感知器作動実験

使って初期火災段階で煙がどう拡がるかを検証する実験（図4-23）を行ったり
したうえで、1996年度から3年間かけて、グループモニタあるいは災害情報
ネットワークというネーミングのもとで、重伝建地区内の全住戸を対象にシ
ステムが設置された。試作システムの運用中、高齢の単身世帯の防災対策も
検討し、火災発生だけでなく、急病の時の近隣世帯への通報もしやすいよう
にシステムの改良を図ったりした。設置開始後の数年間、システムの運用状
況を継続調査して不具合があれば解決しながらシステムの改善を図ることと
したが、4年間で、レンジの過熱など、放置すれば火災になった可能性が大き
い状況になったのを数回、大事に至る前に鎮圧することができた。

　一人でも操作できる2号消火栓は地区内のほぼ道路沿いに設置されることに
なった。前述のように、この地区では、自主防災組織の間で消防ポンプを使っ
た消火訓練が行われており、その活用に支障はなかった。また、町家の背後
に隠れていた土蔵は、延焼遮断帯として活用されることになったが、歴史的
にもそのような役割を担っていたことが改めて評価され、重伝建地区で保存
すべき建物として伝統的建造物に選定されることになった。

　それまで、重伝建地区での歴史的建造物の保存は、景観を重視して道路か

ら直接見える部分に限っていたから、この選定は、当時、重伝建地区の建造物保存への助成としては異例だった。街並み保存は、歴史的景観を美しいものとして残すという視覚的な価値観で語られることが多いが、しかし、前述の萩市佐々並市重伝建地区のように、美しい景観が自然災害の被害の回避という観点から形成されたと考えられるものも少なくなく、景観本位の街並み保存では、なぜそのような街並みとなったかという本質的な問いには答えられなくなってしまう。重伝建地区における保存対象が景観中心になっていたのは、現代の生活の場でもある歴史的建築物の活用の内容までは拘束できないという配慮によっていたかもしれないが、保存できるものなら、道路から見えなくても、歴史的に重要な役割を担っていた部分も保存した方がよいに違いない。そのことは、当時、歴史的街並み保存に積極的に関わっていた当事者や文化庁などでも認識されていたのではないだろうか。高山三町で、道路から望見できない土蔵などが伝統的建造物に選定されてからは、他の重伝建地区でも、道路から望見できない歴史的建築物で歴史的・文化的に重要なものは保存対象として伝統的建造物に選定されるようになっていった。

　さて、提案した方式の前提となっていた住民の自主防災能力と土蔵群の延焼防止効果は、防災事業の見直しの検討が終わって、事業化に向けた報告書が完成した直後に期せずして実証されることになった。1996（平成8）年4月4日未明、高山三町の酒造場の裏庭で火災が発生して、その酒造場の7割を超える約2,000㎡を焼失した（図4-24）。高山三町の重伝建地区選定以来、最大の火災である。しかし、酒造場は、道路側正面を除いて、酒の貯蔵や醸造のための土蔵や文庫蔵に囲まれており、酒造場の敷地を超える延焼は僅かにとどまった。地区の自主防災組織は、消防隊の到着前から消火活動を始めて、道路側から放水を続け、酒造場の主屋の道路に面する部分は焼損を免れることができた。酒造場は、後に、この主屋を手掛かりとして再建され、営業を再開することができた。一方で、土蔵は近隣への延焼の防止に役立ちはしたものの、土蔵の多くは日常の利便のために扉などを開放したままで、扉の一部は閉鎖できない状態になっていた。そのため、土蔵の多くは内部への類焼を免れなかった。また、ポンプ車を使った消火は放水圧が高く、土蔵の壁を直撃した時には壁土が崩落し、消防進入経路として土蔵の脇に用意されていた小径は

その土で塞がってしまった。

　土蔵造の建物は、確かに、外部からは類焼しないように細部まで構成されているのだが、現代になって、本来と異なる用途で使われるようになると、かつて防災を目的に工夫が凝らされていた細部などが改変されていく。今日まで伝わる歴史的町並みは、大災害を免れてきたからこそ現存するのだが、町並みを災害から守ってきた前提は、大きく変わっていることに留意しなければならないことを思い知らされた火災であった。

　ところで、この取り組みには、各世帯に設置される火災感知器のネットワークだけをとっても、一般的な住宅や商店の防災対策としては現実的でない費用がかかっていた。高山三町が重伝建地区であり、防災事業を文化財保護法に基づく補助事業として実施できるため、住民負担はその一部に留まるからこそ可能になったことである。

　このような考え方を他の地区や一般的な密集市街地に展開するためには、少なくとも、低価格化や、対策メニューの多様化が必要である。高山三町のシステムのコストの問題は、このようなシステムが、まだ、住宅用としては市場化されていないからでもあった。だから、グループモニターは、当分、重伝建地区の防災事業のように、住民自身に及ぶ経済的負担が小さい事業で運用していって、そのうちに一般的な住宅に相応しい仕様で量産されるようになれば、補助事業でなくても、この仕組みは普及できるようになるだろうと考えた。消火の方法や火災が及ぶ規模を制限する方法については、町の状況に応じて適当な方法を選んでいけばよい。

　グループモニターのような防災対策が重伝建地区で普及し始めたのは、高山でその検討をしていた時期から約10年後、2006（平成18）年に住宅用火災警報器が消防法に導入された頃からで、その多くは、無線式住警器を使用している。前述のように、無線式住警器は、本来、1世帯でも室数の多い住宅を想定した製品である。そのため、世帯を超えた連動には不安定性を残すこと、機能が画一的で、対応できる状況に限界があることなど、機能的に高山三町に設置した最初のモデルには及ばないが、コストは大幅に低下した。しかし、グループモニターの普及に重伝建地区でも時間がかかったのは、コストの問題よりも、高山三町の方式が、強力な自主防災体制があって初めて大きな効果

をあげる内容だったからであろう。

　筆者が重伝建地区の防災事業に係ったのは、高山三町が事実上、初めてだったが、確かに、その後、町並み保存に取り組んでいる多くの町とお付き合いしてみると、高山三町ほど、自主防災活動に熱心な町は滅多にない。先祖代々が同じ町で暮らしていて、幼い頃は、近所の家に上がり込んで世話になった人が今は年を取っているから恩返しは当然だというような地域だったのである。

　このような近隣関係を築ける地域がもともとそんなにあるわけではなく、大都市などではむしろもともとこのような人間関係を避ける傾向が強かった。しかし、災害の被害を軽減するには、何も、隣人が自分で救助や消火に駆けつけなければならないわけではない。

　重要なことは、火災のような異常を早く覚知して、被害が拡大する前に鎮圧能力のある人や組織に確実に伝えることである。高山三町では、自主防災活動が強力なため、近隣世帯で助け合う仕組みとなった。しかし、「近隣の住居には入ったことがない」という程度の近隣関係の地域に高山三町のような仕組みを導入したら、何が起こるのか。近隣世帯の火災信号を聞いたら消火や避難の支援に向かえなどといっても、家の中がどうなっているかわからないのだから、本当に火災が起こっていたらそれに巻き込まれる危険が大きい。消防署や消防団詰所が近くにあるのなら、火災信号の送り先は消防署などでもよい。それでも、火災規模が小さい間に消火活動を始めることができるので、歴史的建築物を火災から守ったり、避難に困難のある高齢者などを確実に避難させられる可能性が大きくなるはずである。

　火災感知器の信号を直接消防署などに送ることについては、仮に火災以外の原因で作動する非火災報だったらどうするのかと思う人は少なくないだろう。その場合は確かに、消防署が留守になるだけで、その間に別の場所で本当の火災が起これば、その消防活動に失敗しかねない。ただし、非火災報が頻発するとしたら、それはほとんどの場合、設置場所の環境に適した火災感知器が選ばれていなかったか、配置を変えれば解決がつくかのいずれかである。高齢者が生活する実際の施設で火災感知器の管理状況を調査すると、設置後、非火災報の発生の度にその改善の取り組みをしていくと、その1年後には、火災感知器の発報で非火災報と記録されている事態であっても、大半は、

実際になんらかの燃焼や厨房器具などの過熱による熱気流や煙の発生を伴っていた。火災感知器が作動した段階では、容易に消し止められる段階だっただけで、もし、そのまま放置されていたならば大きな火災となって被害を出していた可能性が大きい事例も多かった。

重伝建地区で、火災を早く覚知して火災損害を最小限化する取り組みを実践してみると、このような仕組みをより一般的なものにしていくうえでは色々な課題があると実感せざるを得なかった。

最も強く感じさせられたことは、住民の災害時の対応能力や共助に関わる協力意識のレベルが地区によって、思ったよりまちまちであることだ。災害の被害軽減の戦略は、こうした住民の状況を踏まえて構想しなければならないが、こうした視点から火災鎮圧や避難の方法を検討すると、現在、法基準に基づいて製品化されている技術や製品、設計法の多くは、そのままでは、共助による災害の被害軽減に活用する上では大きな限界があると考えられた。

これらの課題を、具体的に述べてみよう。まず、住民の災害時の対応能力や共助の可能性について。

各種の地域災害において、近隣住民の間でどの程度の助け合いができるかは、結局は、日常の住民同士の関係と住民の災害対応能力次第である。

そこで、2010年代に無線式住警器による火災情報の世帯間共有を導入した重伝建地区において、導入前に、住民同士の日常的な付き合いと、災害時に助け合いを考える程度の関係について意識調査を行ってみた（図4-25、図4-26）。すると、助け合いを考えるレベルは、日常の関係が「挨拶をする程度」を境に大きく異なり、「親しい」といえる関係になると、災害時には90％以上の人が助け合いたいと回答しているのに対して、「会うことは少ないが知っている」程度になると、その割合は60％に低下する。また、近隣との日常的な関係は概して高齢世代で高く、35歳以下では相当に低下している。

さらに、実際に連動式住警器の導入から約半年後に、無線式住警器の発報事例について、近隣世帯の住警器発報時の対応行動と、導入前に把握した住民同士の日常的な近隣関係との関係を調べてみた。住警器が作動したのは、その段階では、いずれも非火災報であったが、それにしても、「挨拶をする」程度の近隣関係では、ほとんどが発報世帯への確認や119番通報を行っているの

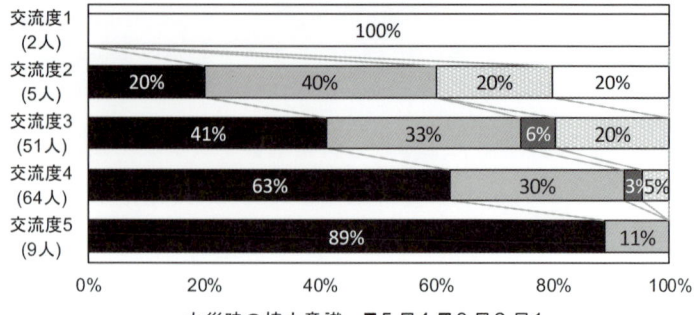

図4-25 重伝建地区の日常的な交流度と災害時の協力意識の関係の調査例

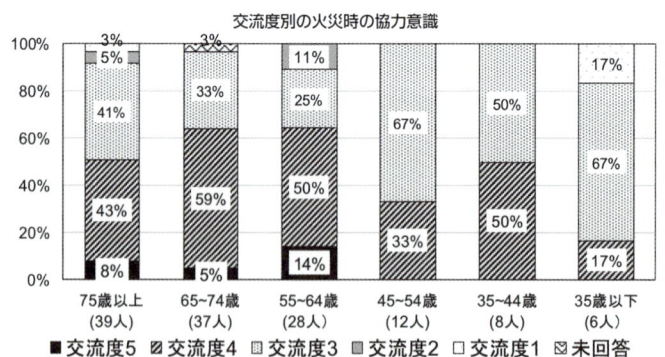

図4-26 重伝建地区の年齢層別の交流度の調査例

に対して、「会うことは少ないが知っている」程度の近隣関係の世帯の火災感知器が発報して信号が連動しても119番通報すらしていない場合もあり、日常関係が災害時の協力関係に及ぼす影響の大きさは、さらに顕在化した。

　なぜ、このようになったかについては不明な点もあるが、親しい近隣関係を築けていないことが、このような方式への関心の低さに結びついていることや、仮に非火災報であった場合に119番通報することが後にトラブルの原因になると懸念したことなどが窺われた。近隣関係は地域防災計画上、重要な要因なので、重伝建地区の防災計画に係る度に調査しているが、この地区では、日常的な協力関係が他地区に比べて希薄であることから、災害時に強い共助体制を構築するのは難しいと予想していた。さらに、無線式住警器の設置を全額補助によって実施していたことも、住民の自主防災への取り組み意識を高められなかった一因だと思われる。行政が全額補助を決断したのは、重伝建地区選定後に地区内で火災が続いて対策の整備が急務と考えたからだが、重伝建地区の防災事業において一部でも住民負担が生じる場合は、時間をかけて事業の必要性を説明して住民の疑問にも対応したうえで事業を実施するものである。全額補助となったため、住民説明会を行っても、住民側から特に疑問が提起されることもなく、特に、災害時の協力に関心の薄い住民には、実際に近隣世帯で火災が発生した場合に何をすべきかについて十分な理解が拡がらなかったのではないだろうか。

　この地区では、少なくとも隣三軒両隣りといわれる程度の近隣の間では、顔を見れば挨拶をするくらいの近隣関係を構築できるように、住民同士が顔を合わせたり、何かを一緒に楽しめたりする機会を積極的に作っていく必要があるだろう。その必要は、特に若い世代において高い。しかし、それは、ことによると、この地区だけでなく、全国の歴史的街並み、いや、全国の密集市街地に当てはまることではないだろうか。すぐに防災対策に効果が表れるわけではないだろうが、ゆるやかな近隣関係の再構築は、長期的に見て大規模な災害の発生を抑止していくうえで基本的な課題といえよう。

　一方、住民による自主消防は、どれだけ達成できるだろうか。高山三町や京都市産寧坂重伝建地区、黒石市中町重伝建地区では、自衛消防隊が使う易操作消火栓を設置している（図4-27）。筒先の付いたホースは予め消火栓に取り

図4-27　街中に設置された易操作消火栓（京都市産寧坂重要伝統的建造物群保存地区）

付けられており、住民らが火災を発見した場合には、消火栓箱からホースを引き出してきて一人でも放水できる、という仕組みである。

　水道の圧力が十分確保できれば、この方式を検討してもよい。消火栓にホースが繋がれており、一人でホースを引いて放水するだけなので、必要人数が少なく、時間もかからない。

　一般的な消火栓は放水圧が大きいため、操作には二人、必要である。一人でも操作できるということは、火災に気が付いた人や、その知らせを受けた人が他人の援けを借りずに消火できるということであり、火災鎮圧を開始できる時間を大幅に短縮して、火災が拡大しない間に消火できる可能性を高められる。高山三町では、前述のように定期的に消防ポンプや易操作消火栓を使った訓練が行われていたが、その程度の訓練は必要だろう。

　もっと早い段階の消火、すなわち、消火器による消火能力についても、重伝建地区で、訓練を兼ねて、検証してみた。家庭用消火器で、フライパンの中で炎上する油を消火できるか、試したのである。防災訓練は、水を充填した訓練用消火器を使用することが多いが、それでは、消火器のピンを抜いて消火剤を噴出させることができるようになるのが精いっぱいで、限られた消火剤で燃えているものを確実に消火する力やこつは身に付かないと考えたからである。実験した地区では、男性は年齢を問わず全員が正しく消火できたのに対して、高齢の女性のほとんどは、目の前で消防団員による手本や他の住民が繰り返し消火器を操作するのを見ても、助けを借りずにピンを抜くことはできなかった。しかも、その過半数は、ピンを抜いた後、消火剤を燃焼

物に正しく向けることはできず、消火できなかった。男性住民が全員、難なく成功したのは、その地区の男性は消防団に加入するのが習慣となっており、高齢で退団していても、若い頃にその経験があったからだろう。

　重伝建地区の防災訓練において、高齢の女性が消火器を扱えなかったのは、それほど驚くようなことではない。大規模な火災実験の際など、実験スタッフが消火器や消防ポンプの利用の練習をするものだが、実際に火炎をあげている状態を鎮圧するのは、実験や消火の経験がなければ、直ちにできることではなく、戸惑っているうちに消火剤を使い切ってしまうようなことは普通にあるからである。

　この実験からわかったことは、消火器で確実に消火できるようにするには、現実的な状況での訓練経験が必要で、それは若い間の方がよいことだ。また、この地区は、市街地から通勤距離にある集落であるが消防署からは遠く、昼間に地区内にいる男性は少ない。そのため、昼間に住宅に出火した場合には、火災鎮圧できる人間が少ないため、出火世帯だけで消火できる可能性は小さく、119番通報しても、地区外から消防車が到着するまでに大規模な火災になってしまう危険が大きい。火災の大規模化を防ぐには、火災信号の複数の世帯による共有の仕組みを作り上げて火災発生の早期覚知を確実化させたうえ、厨房器具や暖房器具の出火危険の抑制や、出火後の火災拡大を遅らせるための可燃物管理などの必要が特に大きいと考えられた。

　ところで、重伝建地区の地域防災計画で核心的な課題となるのは、実務上、計画から概ね10年以内に整備する防災対策の内容である。そのため、すでに開発されている技術を手がかりとして、それをどう活用するかを検討することになるものだが、自主防災活動に頼る面が大きいという事情から考えると、もっといい技術や製品は無いか、と思うことは多かった。

　例えば、火災信号の近隣世帯への伝達は、近年では無線式住警器の活用が増えているが、前述のように、無線式住警器は、本来、室数の多い住宅などで確実に火災信号を把握できるようにするための製品であり、複数世帯で火災信号を共有するためのものではない。複数の火災感知器を連動させるのも、同一世帯の中でなら、非火災報を発報しても他人への迷惑を気に掛ける必要はないが、複数世帯となると、なかなかそうはいかない。高山三町の方式では、非火災報

の可能性を想定して、他世帯への発信を遅らせる工夫をしたが、現在の住警器ではそのような機能を付加できない。また、離れた建物間の火災信号の共有に現状仕様の無線式住警器を使うと、厚い土壁、塀などが間にあると無線が遮断されたり、建物間を自動車が通過する時に無線が遮断されたりすること、雨天では無線が不安定になることなど、火災信号共有の信頼性を低下させる要因がいくつも見つかった。おそらく、コンクリートの壁でも同様なことが起こるだろう。建物の部材が原因で無線が遮断される場合は、問題となる部材を迂回する無線連動とすれば解決できるが、天候が原因となると、解決はやや困難になる。無線式住警器を原型として、複数の世帯の火災感知器を連動させる仕組みを構築するには、将来は、周波数の見直しも必要であろう。また、複数世帯の間の火災信号の共有に大きな困難があるのなら、火災信号を消防署に直接、送達するという仕組みの可能性も考えたい。すでに一部の自治体では高齢者福祉施設などを対象に実施していることだが、住宅にまで拡げていくためには非火災報が発生し難くしていく必要があるだろう。

　消火設備・消火器については、高度な訓練を受けていなくても操作できる製品の多様化や、火災発見者が一人で操作できる消火設備の性能の向上が実現すると、火災鎮圧の早期化に資するところは大きいだろう。しかし、水式消火設備では性能が高いほど高い放水圧を必要とし、高い放水圧で的確に消火するには高い能力が必要となったり消火設備の操作を複数の人員で分担することが必要になるので、消火設備の性能の確保と操作性の簡便化は、そう簡単に両立するものではない。

　ここで、消火栓や消防ポンプによる消火活動がどう進められるかを観察すると、操作に複数の人が必要といっても、全員に高度な能力が必要というわけではない。例えば、消防団などが使うB級消防ポンプは普通4人で操作するが、そのうち消防ホースの筒先を持って放水を行う人は確かに、高い放水圧に耐えながら火源に的確に放水する高い技術が必要だが、ポンプ本体の操作やホース、給水管の展開にそれほど高い能力や頻繁な訓練が必要というわけではない。小規模な市町村で、火災が大規模になってしまうことが多い背景の一つとして、常備消防力が脆弱で、消防活動に当たることができる消防団員を迅速に集めるのが困難な場合が多いことがあげられる。B級消防ポンプ

には、放水性能が消防車にそれほど劣らないものもあるが、現状では、それを扱う全員が同じ訓練を受けている。しかし、消防ポンプの操作の担い手を予め分業化し、放水のように高い能力を必要とする役割を消防団員に任せて、それ以外の役割を地域住民による自主防災隊が担うようにして訓練する、というようにすれば、能力の高い人を多く確保できなくても、消火活動は可能になる。重伝建地区や山間集落、離島の市街地には、道路が狭隘だったり地形が複雑で、多数の消防車両が入り込んで消防活動を行うのが難しい地区も多いが、常備消防や消防団と地域住民の有志の協力で消防活動に当たることができれば、消防ポンプは予め地区に必要台数、設置しておき、火災で地区外の消防署などに通報した後は、住民が消防ポンプの搬出や消防水利への吸水管の連結などを行って、常備消防や消防団が小型車で到着したら一緒に消火に当たればよい。消防団と自衛消防組織の共同消火に法運用や規則上の困難があるようなら、消防団員の役割を多様化して、高度な消防技術を身につけた団員と、その補佐をする団員とに分けるのでもよい。

　消防ポンプを積極活用していくためには、高度な訓練を受けていない人でも、消防活動に参加できるように、その操作性も改良する必要があるだろう。消防ポンプの操作に多数の人員が必要なのは、ポンプが重くて搬送が困難なことが一因だが、ポンプの搬送が容易になる工夫をするだけでも、消防ポンプの活用可能性はもっと拡がるだろう。

4-5　祭と防災──天災の時代・18世紀に学ぶ防災まちづくり

　災害に強いとはいえない建物でつくられた市街地で安心して生活できるようにするためには、今後は、地域で生活する人が多少とも防災活動に加わっていく必要があるだろう。高齢化がさらに進んでいくと、建築火災では火災の早い段階で人命に危険な状態に達する場合が増えていくこと、市街地火災では大火の発生危険が再び高まっていくことは確実で、その危険の軽減には、常備消防任せの防災では大きな限界があるからである。また、そのような状況にもかかわらず常備消防任せの防災を続けていけば、消防は高コスト化が避けられなくなり、どこかで破綻するか、制度としては続いても次第に実効

性を失っていくかのいずれかではないだろうか。

　しかし、住民の高齢化が進む中で、自主防災への参加を促すことについては、住民の防災的関心の現状とこれまでの防災訓練のあり方の間に、そもそも大きな矛盾がありそうである。その矛盾を解決していくことが今後の防災に課せられた大きな課題であろう。解決しなければならないことは、少なくとも二点が考えられる。第一は、防災活動の負担を小さくし、自主防災に取り組むことのできる人の層を厚くすることであり、第二は、自主防災を、参加したくなるものにしていくことである。

　これまで、自主防災に使われてきた消火器や消火設備は、おしなべて、操作に体力を必要としたり、操作に日常的に使う器具類とは違う動作を必要とする面があって、使ったことがない人には手を出し難いものである。消火器や消火設備の操作にそのような面があるのは、誤って作動させると却って危険を生じる事態になりかねないことも一因で、必ずしも不合理とはいえない。しかし、消火器や消火設備の操作の困難性を防災訓練でも克服できないのなら、設備の構造や操作方法、あるいは、操作の訓練法をもっとスマートなものにして使い辛さを緩和することはできないだろうか。

　消火器や消防設備の現在の形は、長年の経験で決まっているという意見もあるだろうが、おそらく、そこで「長年の経験」としてイメージされているのは消防団員のように訓練を受けて消防設備を使っている人の経験のことだろう。しかし、自主防災を普及するうえで重要なことは、これまで消火器や消火設備を使った経験のない人がわかりやすい訓練を受ければ、火災鎮圧の基本的な目標が達成できるようにすることではないか。消火器や消火設備も、実際に使える人を増やすためには、そのような視点からの見直しが必要だろう。

　高齢者のみ世帯など、自力では災害時の行動に大きな限界がある世帯が多くなっていく中で、災害時に自分でしなければならない限界をどう設定するかも見直す必要があるだろう。重伝建地区では、すでに、自力では初期消火も、また、ことによると119番通報もおぼつかない世帯が出現しているが、同じような事情の地域は多いだろう。そこで、重伝建地区では、グループモニターで災害信号を近隣世帯間で共有して、初期消火や避難を近隣世帯が支援したり替わりに119番通報する仕組みを構築している例もある。しかし、その

ような場合でも、日常的に挨拶をする程度の近隣関係を構築できているかどうかで、この仕組みの効果は大きく違ってくることがすでに予想されている。高齢などで一般的な防災訓練に参加できない人や、防災訓練のような活動に参加したくない人については、まず、近隣との間で顔見知りになるような機会を増やしていく必要があるだろう。

防災活動の負担の軽減は、技術開発や設計の問題かもしれないが、第二の課題、すなわち、自主防災を参加したくなるものにするのは、訓練の方法や内容の課題である。地域の町会や団地の防災訓練では、参加者を確保するのに苦労するものだが、訓練当日が炎天下や寒冷下でも屋外で行われていたり、訓練の内容がルーチン的で効果を実感できなかったりするからであろう。近所付き合いが苦手な人にも参加し難い内容であることが多い。

町会や団地の防災訓練の参加率の低迷に対して、しばしば指摘されるのが、祭の盛んな地域は、自主防災活動が活発だということである。本書で紹介している高山三町は、その典型であろう。

高山市の旧町人地では、毎年、春秋2回、壮麗な屋台を曳き回す祭が行われており、屋台を曳き回す集団である屋台組のメンバーは、消防団や自主防災会のメンバーとかなり重複していた。

しかも、屋台を収納する屋台蔵の前庭は、消防設備・器具の保管スペースになったりしている。屋台を曳くには大勢が一つの目標に向かって動く組織づくりをしなければならない。そして、祭は市内のたくさんの屋台組が競い合う場だから、その準備や屋台組の維持には日頃から余念がない。このような組織とその維持の仕組みこそが、いつ起こるかわからない災害に遭遇した時に求められる力である。祭が盛んな町は地域防災活動も盛んだといわれることが多いが、その実質はこのようなことではないだろうか。

屋台、神輿などが繰り出す祭は、かつては全国にあった。祭には、町の住民のほとんどが関心を持つこと、力のある若者がこぞって参加すること、適当な人口の近隣共同体ごとに行われること、はっきりした目標に向かって一体となって行動するチームワークを必要とすることなど、地域防災活動において望まれる要素のほとんどが詰め込まれている。そして、地域防災活動は、災害がある程度の頻度で発生しなければ、その必要性が忘れられがちである

うえに、防災訓練といっても、災害時の状況を再現したり、そこで必要な集団行動を取ったりすることは、現実にも困難である。

　災害時に必要な個々の作業や行動は、工業化が進む前の時代なら基本的に体を動かして毎日のように行われていた作業の延長にあったものである。そう考えてみると、祭は、そう銘打っていないだけで、年に1度か2度、地域をあげて行う防災訓練の役割を果たしていたことになり、しかも、災害時に働くことが期待されるような人たちが喜んで参加している。現代の防災訓練で参加率が低迷しているのとは雲泥の差である。

　祭は、習俗として自然発生したものと捉えられがちだが、このように組織的な活動としての祭が、果たしてそれだけで成り立つものだろうか。屋台など、極めて高度な職人技が駆使されているものも多く、それだけでも相当なエネルギーを費やしたことが窺われる。

　日本では、祭は、少なくとも中世までは、先祖など、もうこの世にはいない存在と向き合うという日常や世俗を超えた宗教的な場であった。それが、18世紀から19世紀初期にかけて、多くの地域で共同体意識を強めたり地域の力を集める装置のような世俗的な活動に転換していった。民俗学では、これを祭礼といって、それまでの祭と区別し、この転換の背景や意味について、色々な学説が唱えられているようだ。

　共同体意識を強めるような活動が起こるのは、何か、大きな危機に直面した場合が多いものだが、江戸時代後期に入ったその時期にあえて共同体意識を高めるような活動が全国の地域で出現した背景は何だろう。戦国時代頃ならば、地域間の争いが絶えなかったのだから、地域外と戦うために地域の中で結束を高めようとする動きが起こっても不自然ではなさそうだが、祭が祭礼化したのは、すでにそのような時代ではなくなっていた。

　祭が祭礼化し始めた18世紀は、災害史を見れば、世界的に小氷河期といわれるほどの寒冷化に苦しめられた時代である。特に1780年代にヨーロッパで起こった飢饉は、フランス革命の引き金になったとされている。18世紀の日本は、元禄末期の関東大地震（1703）で幕をあけていた。関東の直下地震としては史上最大規模の地震であり、宝永という縁起のいい元号に改元しても、直後には東海・南海地震、富士山噴火（ともに1707）と、日本史上屈指の規模の

大災害が続いた。世界的な寒冷化が本格化する前の出来事だったが、富士山噴火では、関東の農業が壊滅的な被害を受け、特に富士山の東側裾野から現在の神奈川県西部は影響が長期化して、その一部は結局、農業が放棄されて現在に至っている。その後、日本では、享保飢饉 (1732)、天明飢饉 (1782〜87) や、渡島大島噴火 (山体崩壊と寛保津波、1741)、八重山地震 (明和大津波、1771)、浅間山噴火 (1783)、雲仙普賢岳の噴火 (島原大変肥後迷惑、1792) など、他の時代には見られないほど多様で激しい天変地異を経験する。天明の飢饉と重なった浅間山の噴火による災害の悲惨さは今日まで語られるとおりだ。

　江戸時代を最初から見ると、17世紀には、全国の水田開発を背景に米の生産が順調に増加し、人口が急増したのに対して、18世紀は低迷の100年といわれることが多い。確かに江戸時代初期の米増産の時代は、誰もがその恩恵を受けやすかったわけで、戦国時代のような地域間の争いの機会を減らして、国内の平和構築に役立っただろう。しかし、水田開発自体は17世紀末にはいったん限界に達して、かえって農業自体が米作への過度の傾斜による病害などのリスクを抱えるようになっていた。

　それに対して、18世紀には、農業作物の多様化や栽培技術の高度化、海運を含む地域間流通網の充実、町人の実務教育の普及など、農業生産の安定化と地域間流通の振興により食糧需給を安定化させる社会的変化が生じた。それにより、耕地はそれほど増加しなくても、地域によっては、農業生産はさらに増加したうえ、災害や気候変動の影響を受け難くなった。この変化の背景に、18世紀初頭に日本史上の大災害が続いた経験があったことは確実であろう。18世紀初頭の大災害頻発期から80年近く後に起こった天明の飢饉は日本史上有数の大飢饉とされるが、日本は人口密度が高く飢饉の影響を受けやすかったにも関わらず、日本全体の被害の程度はヨーロッパに及ばない。しかも、飢饉の被害が特に大きかった地域は、丹念に見れば、食糧自給と流通の振興が立ち遅れていた藩に集中している。

　こうしてみると、共同体意識を強めて地域を一体化する装置としての祭礼を生み出した危機とは、外敵の存在や地域間の争いなどではなく、歴史上、例がないほど頻発していた大災害ではなかったか。

　一方で、この時期に発展した農業の高度化や地域間流通は、農民や町人の

中で読み書きができ、専門的知識を身につけることができる人材が育たなければ成就しなかったはずである。この頃、読み書きを学ぶことが生活を豊かにする素養として、農民や町人の間でそれらを身に付ける者が増加し、地域間流通のインフラとして貨幣経済の振興が図られた副産物として文芸・浮世絵・工芸のような流通性の高い文化も生み出した。習い事、園芸などが大衆の娯楽として広まったのも、この時代である。その経過の中では、素朴に士農工商に分けたのでは説明のつかない多様な専門的職能が生まれていたはずで、地域社会全体が急激に分かり難くなって、貧富の差も改めて発生してきた時代でもあっただろう。地域社会が複雑になって分かり難くなってきたことも、共同体意識を強めていく必要を生じた重要な背景であっただろう。

祭礼は、地域の中で共助・協力的関係を構築し維持する手がかりとしては、大変、優れた仕組みで、それに相当する社会の仕組みを、現代日本はまだ、つくり出すことができていない。しかし、祭礼を見直すことは、もちろん、単に地域防災のためだけではない。

17世紀を通して元禄時代まで米の増産や人口増加が続いて経済的な活況を呈した後、18世紀初頭には成長を支えていた前提が限界に達して人口増加が止まり、巨大地震や富士山噴火という大災害が繰り返される数年間を経験する、という状況は、300年後の21世紀の日本とそっくりである。18世紀の日本は、それでも、寒冷化という農業生産に打撃となる環境のもと、資源も人口も増加しない中で、平均寿命は推定で5歳以上も伸び、今日、江戸文化、近世文化の中核とみなされる大衆的広がりのある文化を生み出した。

これからの日本社会が問われるのは、その頃と比較できるような厳しい状況のもとで、社会を開放的で打たれ強くすべく支えて、さらに多くの人が参加できる新しい文化を生み出せるかではないだろうか。地域防災を支える共助意識は、その中で自ずから成長していくものと考えたい。

参考文献・引用文献

1) 奈良井重要伝統的建造物群保存地区防災計画報告書，塩尻市教育委員会，2009
2) 長谷見雄二：新宿歌舞伎町雑居ビル火災からの10年——火災危険から見た雑居ビルの変貌，都市問題，2011年9月号，p52-60 図1
3) 高山市三町重要伝統的建造物群保存地区防災計画報告書，1996

おわりに

　本書では、かつて火事に弱いのは宿命といわれていた木造が、つくり方次第では大火を食い止める力があると認められるまでになった経過をテーマの一つとした。それを土台として近年、木造でそれまではなかったような建物が建てられるようになり、今後の木造建築や建築への木材活用に対して、さらに強い期待が寄せられている。木造超高層の開発を標榜する声も上がっているほどである。

　今日、木造による現代建築の可能性に期待がかけられているのは、一面では、木造を火事に強くする技術が進歩したからだが、一方で、市街地大火や大規模木造火災に関する記憶や、木造の火災に関する注意意識が風化してきていることも窺われる。

　1964 (昭和39) 年東京オリンピックの前後まで、市街地大火は2章に述べたように頻繁に発生し、建物単体の大火災も、木造映画館布袋座の火災 (1943, 死者208人) や聖母の園養老院の火災 (1955, 死者99人) を筆頭に、多数、発生していた。これらは、当時は大事件だったが、今はほぼ忘れられていよう。現在、前回東京オリンピックを知らない世代の人たちが、社会を牽引し、支える重要な立場になっているが、生まれる前に起こった災害を知らないのは仕方ないかもしれない。しかし、阪神淡路大震災前後以降、大都市を襲った大地震の多くで市街地火災が起こったことも忘れられていることが少なくないし、さらに近年、高齢者が集まって住んでいる施設・宿泊所などで多数が犠牲となる火災が頻発していることについては、事件そのものは記憶していても、建物が木造だったこ

とには気がついていないことが意外と多いものである。

　本書の題名を「木造防災都市」としたが、それは戦後、高度成長期などを通じて、都市防災の主役はコンクリートや鉄だったのが、今後は木造が主役になるという意味ではない。それよりも、木造が再び日の目を見るようになりながら、高齢化や人口減少も進む社会で、どうしたら災害に対する安全を確立できるか、という問いかけと捉えていただいた方がよいだろう。

　このため、「火事に強い木造建築」については、日本でその可能性がどう追求され、制度化されて、社会に受容されてきたかを整理することを通じて、それがどんな考え方で成り立っているかを浮き彫りにしようと考えた。それは、「木造は火事に弱いのは宿命」が世の中の常識だった中で、火事に強い木造を開発しようとする取り組みがそう簡単に広い支持を得られるものではなく、コンクリートや鉄だけで市街地大火の根絶に挑むことの限界や、その限界を、対策に木造を加えることで克服できる見通しを明確にするなど、木造が防災に積極的に寄与し得ることは何かを明確化せざるを得なかったからである。火災実験などで、木造に不都合な結果を世の中が予想していた中、それを覆す結果を示すことができたことも、木造の再評価を促す契機になったと思う。

　建築や構造物の強靱化や公的防災体制の強化という近代防災対策の基本的枠組に陰りが生じていることについては、それを克服する火災・自然災害などの被害の拡大を防ぐ計画論として、災害発生の早い段階での把握と災害の拡大の遅延の仕組みの構築について述べ、実在する地域などでこの方法論の

実践の取り組みを通じて、その可能性や今後の課題を示した。この方法論の発展系として、本書では紹介に至らなかったが、災害時に強力な災害対応体制を立ち上げるのが難しい離島や小都市、さらに発展途上国の歴史的市街地で社会実験の取り組みを進めている。これらの活動を通じて、今後どのような技術を実用化すべきなのか、また、地域住民などとの共助のもとでの防災体制づくりをどう進めるべきかなど、明らかにしていきたい。

なお、本書では、随所で、本書主題に関する研究でお世話になったり、先駆的な取り組みをされていた方に言及したが、本文で言及できなかった次の方々のご教示やご意見、ご協力に負うところも大きい。末筆ながら深甚の謝意を表したい。

井澤龍暢、入沢恒、岩河信文、梅野捷一郎、鎌田宜夫、熊谷良雄、小林恭一、佐々木宏、白井和雄、菅原進一、関澤愛、関根孝、塚越功、納賀雄嗣、藤田金一郎、宮島清、山田誠、吉田正友（あいうえお順、敬称など略）

また、本書編集にあたり、早稲田大学出版部・武田文彦氏には何から何まで大変、お世話になりました。厚く御礼申し上げます。

長谷見雄二

著者紹介

長谷見雄二 (はせみゆうじ)

1951年東京生まれ。早稲田大学教授、東京理科大学客員教授。

1975年早稲田大学大学院修士課程修了。工学博士。建設省建築研究所研究員・防火研究室長を経て、1997年より現職。専門は、火災を中心とする建築・都市の防災。

主な著書に、『ホモファーベルの建築史―アメリカ建築物語』(都市文化社)、『火事場のサイエンス―木造は本当に火事に弱いか』(井上書院)、『災害は忘れた所にやってくる―安全論ノート』(理工図書)、『20世紀の災害と建築防災の技術』(技報堂出版・共著)、SFPE Handbook of Fire Protection Engineering (Springer、共著) など。

国際火災安全科学学会P.H.Thomas Medal of Excellence、H.W.Emmons賞、D.D.Drysdale賞、アジアオセアニア火災科学技術学会永年功績賞、日本建築学会賞 (論文)、日本火災学会賞、空気調和衛生工学会賞 (論文賞・技術賞)、国際火災研究機関長フォーラムSjollin賞、建設大臣業績表彰、東京都消防行政特別功労章、Waseda Research Award, 木の建築フォーラム第1回木の建築大賞 (共同受賞)、石膏ボード工業会特別功労賞、日本ツーバイフォー建築協会坪井賞など受賞。

東京安全研究所・
都市の安全と環境シリーズ10

木造防災都市
鉄・コンクリートの限界を乗り越える

2019年9月30日　初版第1刷発行

著者	長谷見雄二
デザイン	坂野公一＋節丸朝子 (welle design)
発行者	須賀晃一
発行所	早稲田大学出版部
	〒169-0051 東京都新宿区西早稲田1-9-12
	TEL 03-3203-1551
	http://www.waseda-up.co.jp
印刷製本	シナノ印刷株式会社

「都市の安全と環境シリーズ」ラインアップ

各巻定価＝本体1500円＋税

早稲田大学出版部